智慧园区
从构想到实现

SMART PARKS

FROM CONCEPTION
TO REALIZATION

周明升 著

清华大学出版社

北京

内 容 简 介

智慧园区是什么？智慧园区做什么？智慧园区怎么做（如何实现）？围绕这几个问题，本书作者在 15 年以上信息化和智慧园区研究实践基础上，结合已有研究成果、行业应用现状和发展趋势，从规划、实现和展望三个层面构建了完整的智慧园区建设、管理和应用体系。

本书从智慧园区概述出发，论述了智慧园区关键技术和规划方法，探讨了智慧园区的基础资源、开发建设、招商服务、运营管理、资产管理、安全管理、公共服务、智慧大脑等各功能平台的设计与实现，展望了智慧园区未来发展趋势。本书可以为智慧园区学习者、建设者和研究者提供理论和方法参考。

图书在版编目（CIP）数据

智慧园区：从构想到实现 / 周明升著 . —北京：清华大学出版社，2024.4
ISBN 978-7-302-65933-4

Ⅰ.①智⋯　Ⅱ.①周⋯　Ⅲ.①工业园区－城市规划　Ⅳ.① TU984.13

中国国家版本馆 CIP 数据核字 (2024) 第 066035 号

责任编辑：高晓蔚
封面设计：汉风唐韵
版式设计：方加青
责任校对：宋玉莲
责任印制：杨　艳

出版发行：清华大学出版社
　　　　　网　　　址：https://www.tup.com.cn，https://www.wqxuetang.com
　　　　　地　　　址：北京清华大学学研大厦 A 座　　　　　邮　　编：100084
　　　　　社 总 机：010-83470000　　　　　　　　　　　邮　　购：010-62786544
　　　　　投稿与读者服务：010-62776969，c-service@tup.tsinghua.edu.cn
　　　　　质 量 反 馈：010-62772015，zhiliang@tup.tsinghua.edu.cn
印 装 者：小森印刷霸州有限公司
经　　销：全国新华书店
开　　本：185mm×245mm　　　印　张：13.5　　插　页：1　　字　数：225 千字
版　　次：2024 年 5 月第 1 版　　　印　次：2024 年 5 月第 1 次印刷
定　　价：88.00 元

产品编号：105302-01

前言 ● PREFACE ————————————————

十余年计算机相关专业学习，18 年以上信息技术相关工作经历，我一直在从事园区信息化建设、管理、应用和研究工作，先后主持完成国家级、省部级、市区级等园区信息化项目和课题 120 余项，发表专业论文 15 篇，申请发明专利、实用新型专利和软件著作权等知识产权 20 余项，对智慧园区规划、建设和管理有比较深入的理论研究和较为丰富的实践经验，非常乐意把所学、所做、所悟整理成册，从而有了本书的诞生。

园区是一个特定空间，一般由政府（包括企业与政府合作）规划建设，通过特定区位、政策措施和综合服务推动园区产业集聚和发展，智慧园区是园区发展的高级阶段，它以"园区＋互联网"为理念，是融入物联网、云计算、大数据等新一代信息技术将产业聚集和产业发展与城市生活居住空间有机结合的空间。智慧园区是智慧城市的缩影和重要表现形式，它借助新一代信息技术，通过遍布园区的物联网感知模块连接园区的各类基础设施资源，通过智能检测、分析和信息整合，提升园区管理水平和服务能力，提升园区基础设施运行保障能力，促进园区产业和经济可持续发展。

本书分为智慧园区规划篇、实现篇和展望篇 3 篇，共 12 章。

第 1 篇规划篇，共 3 章。从智慧园区概述出发，论述智慧园区建设的背景、内容和要求，探讨新一代信息技术对智慧园区的推动，阐述智慧园区建设的必要性、规划方法、规划评估和规划案例。第 1 章（智慧园区概述），对智慧园区的背景、内容和要求进行概述。从园区的概念和园区的分类两个方面对园区进行了概述，简要介绍了从智慧城市到智慧园区的发展、园区各服务主体及其对智慧园区的需求，以及新一代信息技术对智慧园区建设的要求。第 2 章（智慧园区关键技术），探讨物联网、云计算、大数据、人工智能、移动互联网、可视化技术等信息技术的架构和在智慧园区中的应用。新一代信息技术深刻改变了我们的生产生活，成为智慧园区建设的技术推动力。第 3 章（智慧园区规划），从技术发展背景和园区自身发展需要两个方面论述智

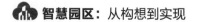

慧园区建设的必要性，阐述规划原则、规划过程等智慧园区规划方法，并探讨分析智慧园区规划的评价方法和典型案例。

第 2 篇实现篇，共 8 章。探讨智慧园区的基础资源平台、开发建设平台、招商服务平台、运营管理平台、资产管理平台、安全管理平台、公共服务平台、园区智慧大脑等智慧园区各平台实现。第 4 章（智慧园区建设——基础资源平台），论述基础网络、数据中心、云服务、安全资源等园区基础资源平台建设，列举园区基础资源平台典型案例。第 5 章（智慧园区建设——开发建设平台），从园区开发建设概述出发，设计园区开发建设平台的组成、总体架构、网络架构、平台功能、BIM 应用、计划管控等内容及功能实现。第 6 章（智慧园区建设——招商服务平台），从园区招商服务概述出发，提出园区招商服务平台的总体架构，并分别设计和实现了园区招商管理、园区客户服务、园区物业管理等招商服务平台。第 7 章（智慧园区建设——运营管理平台），从园区运营管理概述出发，分析园区运营管理的国内外研究现状和建设需求，设计园区运营管理平台总体架构、平台功能、平台主题库、功能页面、业务流程等具体功能实现。第 8 章（智慧园区建设——资产管理平台），从园区资产管理概述出发，分析园区资产管理的国内外研究现状和建设需求，进行园区资产管理平台总体架构、平台功能、数据库、平台功能、业务流程等整体设计和功能实现。第 9 章（智慧园区建设——安全管理平台），从园区安全管理概述出发，提出园区安全管理平台的总体架构设计，论述园区安全管理平台的功能实现，包括园区总控中心和客户服务中心、园区房产综合监管、园区设备集成管理、园区智能视频分析等功能子系统。第 10 章（智慧园区建设——公共服务平台），从园区公共服务概述出发，提出园区公共服务平台的总体架构，按园区政务服务、能源管理、交通管理、综合治理和配套服务等方面对园区公共服务平台进行功能实现。第 11 章（智慧园区建设——园区智慧大脑），从园区智慧大脑概述出发，论述园区智慧大脑的组成，接着分园区运行态势呈现、园区安全态势管理、园区应急指挥调度、园区决策支持等方面进行论述和功能实现。

第 3 篇展望篇。展望内容具体分为两部分：（1）第 4 章到第 11 章的智慧园区实现篇中，每一章对智慧园区相关平台进行了总结和展望。（2）第 12 章从技术发展趋势和应用发展趋势两个方面探讨了智慧园区未来发展趋势。物联网、大数据、云计算、人工智能、移动网络（以 5G 为代表）等技术发展，将支撑智慧园区由万物互联发展为万物智联，深入推动智慧园区建设和应用的广度和深度。应用方面，智慧园区将在全面数字化、平台架构优化、多技术融合应用、园区运营模式创新、产业链协同创新等方面进一步发展。

本书撰写过程中，整合了著者已发表的部分论文、引用了他人的经典研究成果、结合了行业发展和实践经验，希望能够从规划、实现和展望3个层面构建完整的智慧园区建设、管理和应用体系，为智慧园区学习者、建设者和研究者提供参考。

在本书的撰写和出版过程中，得到了家人和朋友的支持，得到了单位和同事的帮助，得到了同行和专家的指导，在此一并感谢。由于能力和经验有限，著作中的内容或观点如有不妥，请批评指正。

周明升

2023 年 10 月于上海

目录 • CONTENTS ─────────────

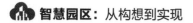

第 1 篇 规划篇

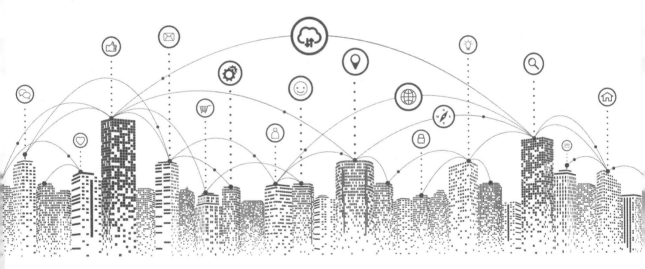

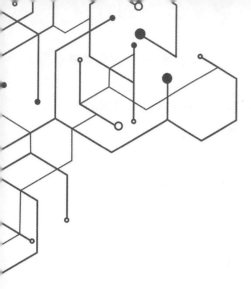

第1章 智慧园区概述

　　什么是园区？园区有哪些表现形式？智慧园区与智慧城市有什么关系？智慧园区的服务主体有哪些？他们的诉求是什么？如何满足这些诉求？本章将试图解答这些问题。

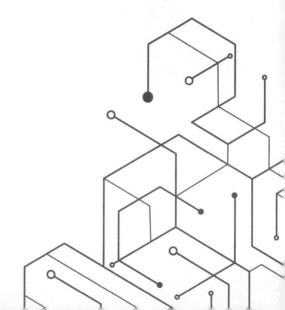

1.1.1　园区的概念

　　园区是一个特定空间，一般由政府（包括企业与政府合作）规划建设，通过特定区位、政策措施和综合服务推动园区产业集聚和发展。我国园区建设开始于 20 世纪 80 年代，经过 30 多年的发展，以自由贸易试验、高科技园区、综合保税区、经济开发、高科技园区、物流园区、出口加工区等为代表的各类园区在我国经济社会发展中占有重要作用。我国园区众多，根据商务部网站数据 [①]，截至 2023 年 6 月，已批准设立自由贸易试验区 21 个（含 70 个片区），国际经济技术开发区 247 个，还有各省级、市级经济开发区等各类园区。招商、稳商和悦商是各个园区竞争的焦点，随着我国经济开放和发展，园区间竞争日趋激烈，原有以区域优势、政策洼地为主的园区招商引资竞争，逐步转变为管理、服务和发展水平等园区综合软实力的竞争 [1,2]。

1.1.2　园区的分类

　　根据不同的维度，园区的分类不同 [3]。按园区主要业态，可以分为生产制造园区、物流仓储园区、商业研发园区、综合园区等。按园区主导产业，可以分为自由贸易试验区、综合保税区、经济技术开发区、高新技术开发区、主题产业园（如工业园区、物流园区、出口加工区、文化创意产业园、生物医药产业园、动漫产业园等），如表 1-1 所示。

---

① 根据商务部网站 http://www.mofcom.gov.cn/ 整理。

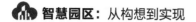

表 1-1　园区的分类

园区类型	定　位	企业类型	主管单位	典　型
自由贸易试验区（自由贸易港）	高水平对外开放	外向经济类为主	国家级，商务部和所在省市	中国（上海）自由贸易试验区、海南自由贸易港
综合保税区	海关特殊监管区	贸易、物流等涉外企业为主	各级海关	上海外高桥港综合保税区
经济技术开发区、高新技术开发区	引进外资、技术或先进管理经验，推动当地经济发展	外资、合资、内资等出口加工企业	国家部委、所在省或地市	上海漕河泾新兴技术开发区、张江高科技园区
主题产业园区	产业聚集区	相关产业企业	国家部委或地方政府	苏州工业园区、上海化工工业区

按园区物业形态，可以包括厂房、仓库、商业、办公、住宅、配套等多种物业，事实上，现代园区往往是多种业态组合的综合产业园。

1.2 从智慧城市到智慧园区

1.2.1　智慧城市

2009 年，IBM 公司提出智慧地球概念，之后"智慧"一词风靡全球，众多国家将智慧城市建设作为长期竞争优势的重要战略 [4,5]。关于智慧城市的定义说法不一，欧洲委员会将智慧城市定义为利用信息通信技术为居民和企业创造高效、更具吸引力的服务的城市，而美国交通运输部将智慧城市描述为利用技术的力量促进人员和货物更好流动的一种城市组织形式 [6]。Germaine R. Halegoual 在其著作 *Smart Cities* 中把智慧城市定义为将各种数字媒体在战略层面上集成为基础设施和软件，通过采集、分析和共享数据，实现城市的管理决策 [6]。通俗来说智慧城市是指通过物联网、云计算等新一代信息技术以及社交网络、全媒体融合通信等工具和方法，实现全面感知、宽带泛在互联、智能融合应用和可持续创新。智慧城市是数字城市后信息化城市发展的高级形态，它整合数字城市、智能城市和生态城市理念[7]。

1.2.2　智慧园区是智慧城市的重要表现形式

智慧园区是智慧城市的缩影和重要表现形式，智慧城市由多个智慧园区或智慧社区组成[8]。智慧园区一般认为是以"园区＋互联网"为理念，融入社交网络、移动互联、大数据和云计算，将产业聚集和产业发展与城市生活居住空间有机结合的空间。

智慧园区重点在于"智慧"，智慧园区是建立在园区数字化基础上，具有智能化特征的园区管理和运营，智慧园区是园区发展的高级阶段，是对数字园区、知识园区、生态园区、创新园区理念的整合[9]。

从技术层面理解，智慧园区通过物联网、云计算等新一代信息技术全面感知并有效整合园区的运行态势，通过数据采集、汇集、分析和应用，实现园区态势实时感知、数据综合集成、决策高效智能，通过数字化推动园区高质量发展。

从应用层面理解，智慧园区是信息技术发展的产物，信息技术改变了园区的管理、服务、生产和生活方式，使更有竞争力、更具吸引力、更有温度的智慧园区成为可能。

从发展层面理解，智慧园区使园区内部管理更加自动和智能，园区服务更加精准和个性，园区资源分配更加充分和便利，园区内组织和个人互动更加有效和协同。

综上，智慧园区通过新一代信息技术，通过遍布园区的物联感知模块连接园区的各类基础资源设施，通过智能检测、分析和信息整合，提升园区管理水平和服务能力，提升园区基础设施运行保障能力，促进园区产业和经济可持续发展。

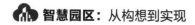

1.3 智慧园区服务主体

智慧园区服务主体包括：园区政府部门（园区管理委员会）、园区开发主体（国有、民营、外资或合资方式）、园区企业、园区居民、配套服务商等[10]。

1.3.1 园区管理委员会

园区管理委员会一般属于当地政府或其派出机构，负责园区的整体规划、市政建设、用地管理、园区企业和居民服务等。如图 1-1 所示，园区管理委员会对智慧园区的诉求包括园区政务公开、园区企业服务、园区综合管理、园区政务管理、园区能耗监控等。

园区政务公开	多种公开渠道 信息高效透明 数据集中管控
园区企业服务	园区基础资源 园区公共服务 园区产业发展
园区综合管理	园区高效运营 园区安全管理 跨部门协同沟通
园区政务管理	综合行政审批 综合监管和执法 大数据挖掘分析
园区能源监控	园区能耗情况 园区节能情况 园区环境监控

图 1-1　园区管理委员会的智慧园区需求

1.3.2 园区开发主体

园区开发主体负责园区的开发建设、招商引资、客户服务等，在我国，园区开发主体一定程度上承担了园区管理委员会代甲方的职能，很多园区开发主体和园区管理委员会为同一主体。如图 1-2 所示，园区开发主体对智慧园区的需求包括园区资源条件、园区开发建设、园区运营管理、园区能源管理、园区安全管理、园区决策支持等。

园区资源条件	园区骨干网络 园区移动基站 园区网络安全
园区开发建设	园区产业规划 园区建设规划 园区房产开发
园区运营管理	园区招商引资 园区房产经营 园区客户服务
园区能源管理	园区能耗情况 园区单位能耗 客户能耗变化
园区安全管理	园区运行安全 园区能源安全 园区应急处置
园区决策支持	园区运营决策 园区安全决策

图 1-2 园区开发主体的智慧园区需求

1.3.3 园区入驻企业

园区入驻企业一般通过招商引资的方式进驻园区，在园区从事产品生产、加工、运营、服务等生产经营活动。如图 1-3 所示，园区入驻企业对智慧园区的诉求包括投资环境、产业环境、资源情况、配套服务等。

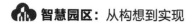

投资环境	产业扶持政策 产业激励政策 政策稳定情况
产业环境	园区产业分布 园区产业发展 产业链和供应链
资源情况	技术支撑情况 园区房产资源 园区物业服务 企业全周期服务
配套服务	园区通勤情况 园区商业配套 园区环境情况 园区服务情况

图 1-3　园区入驻企业的智慧园区需求

1.3.4　园区居民

园区居民是指在园区或园区周边工作或生活的人员，包括入驻企业员工、生活在园区或园区附近的居民等。如图 1-4 所示，园区居民对智慧园区的需求包括交通通勤、生活配套、环境和服务等。

交通通勤	园区公共交通 园区停车场
生活配套	园区商业配套 园区网络覆盖 园区生活便利
环境和服务	园区环境情况 园区公共服务 园区人才服务

图 1-4　园区居民的智慧园区需求

1.3.5　配套服务单位

园区配套服务包括园区运营、服务、发展所需要的参与方，包括生活服务提供商、电信运营商、物流服务商等各类供应商，他们也是园区的重要参与方。如图 1-5 所示，园区配套服务单位的智慧园区诉求包括园区信息获知、园区服务配套、园区合作机会等。

园区信息获知	园区信息公开 园区政务流程化
园区服务配套	园区网络覆盖 园区生活便利
园区合作机会	园区产业分布 园区发展规划 园区产业链发展 园区采购等公开

图 1-5　园区配套服务单位的智慧园区需求

1.4　智慧园区建设要求

基于新一代信息技术，智慧园区将推动传统园区向着服务网络化、应用智能化、平台整合化、运营社会化等方向发展 [9, 11]。

服务网络化：随着新一代信息技术发展，园区网络覆盖（包括宽带接入、基站覆盖、Wi-Fi 热点等）已成为智慧园区建设的基础资源。

应用智能化：物联网的大规模应用，实时感知园区各类资源态势由可能变为现实；移动互联的发展，公众可以随时随地接入社交网络，成为信息源和自媒体；人工智能的发展，数据自动采集、实时汇集、自动分析，园区服务更加精准，园区决策更加智能。

平台整合化：随着云计算技术的发展和应用，数据集中存储、集约管理和集中共享是智慧园区发展的方向。通过横向整合园区系统，实现统一入口、统一认证和数据集中管理，通过纵向整合将不同来源的园区相关数据整合，推动产业链招商和服务。

运营社会化：随着信息技术专业化分工越来越细，细分领域学者们提出较为完善的解决方案，也有专业领域厂商已将方案落地，智慧园区运营、服务、决策平台更加呈现社会化和专业化趋势。

参考文献

[1] 艾达，刘延鹏，杨杰．智慧园区建设方案研究 [J]. 现代电子技术，2016，39（2）：45-48.

[2] 周明升，张雯．一种面向多源数据的智慧园区管理平台 [J]. 计算机与现代化，2023，333（5）：68-74.

[3] 王文利．智慧园区实践 [M]. 北京：人民邮电出版社，2018.

[4] Bakici T, Almirall E, Wareham J. A Smart City Initiative: The Case of Barcelona[J]. Journal of the Knowledge Economy, 2013, 4(1): 135-148.

[5] Cimmino A, Pecorella T, Fantaccir, et al. The Role of Small Cell Technology in Future Smart City Applications[J]. Transactions on Emerging Telecommunications Technologies, 2014, 25(1): 11-20.

[6] （美）Germaine R. Halegoual. 智慧城市 [M]. 高慧敏，译．北京：清华大学出版社，2021.

[7] 智慧园区应用与发展编写组．智慧园区应用与发展 [M]. 北京：中国电力出版社，2020.

[8] 樊森．智慧园区 [M]. 山西：山西科学技术出版社，2013.

[9] 华为技术有限公司，埃森哲（中国）有限公司．未来智慧园区白皮书 [R]，2020.

[10] 张雯，周子航，周明升．基于物联网和人工智能的园区安全运营管理平台 [J]. 计算机时代，2023（2）：132-136.

[11] 高艳丽，陈才，等．数字孪生城市 [M]. 北京：人民邮电出版社，2019.

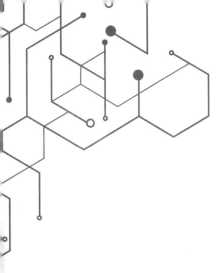

第 2 章　智慧园区关键技术

物联网、云计算、大数据、人工智能、移动互联网、可视化技术等新一代信息技术已经深刻改变，也将持续改变人们的生产生活方式，技术发展和应用也为智慧园区建设带来的前所未有的机遇和挑战，推动和改变着智慧园区的建设。

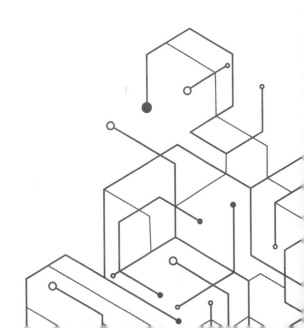

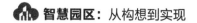

2.1 物联网

物联网（Internet of Things，IoT）是基于互联网等信息载体，通过各类感知设备获取环境、设备、人员信息并进行自动化数据处理，实现"人—机—物"融合一体、智能管控的互联网络。物联网通过各类传感器、射频识别（Radio Frequency Identification，RFID）与现有互联网相互连接，通过多学科和多技术融合，实现各类信息聚合。

物联网的核心和基础是互联网，具有网络泛在性和信息聚合性，但物联网在互联网的基础上进行了延伸和扩展，物联网的客户端扩展到任何物品与物品之间，使其进行信息交换和通信，因此物联网是实现"物物相连"的互联网。

2.1.1 物联网技术架构

从体系结构上说，物联网分为感知层、网络层、连接层和应用层四层[1,2]，如图 2-1 所示。

感知层要解决的是信息感知和识别问题，相当于人体的五官和皮肤。它通过 RFID 电子标签、传感器、智能卡、二维码（Quick Response Code，QR Code）等对信息进行大规模分布式采集或智能化识别，然后通过接入设备（如数据采集网关）将获取的信息与网络中的相关单元进行资源共享或交互。

网络层主要传递和处理信息，相当于人体的神经中枢和大脑。它通过互联网、广电网、通信网或下一代互联网，实现数据传输与计算。

连接层对物联网基础功能、设备接入、设备管理、数据流转、运维监控、安全管理、数据存储等进行管理，提供多协议设备接入、设备管理、数据转发、数据存储等服务。

应用层完成信息分析处理和决策，相当于人类的社会分工。它完成特定智能化应用和服务任务，以实现物与物、人与物之间的识别、感知和场景应用。

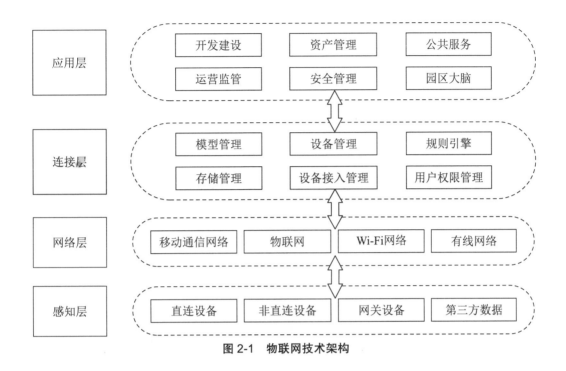

图 2-1　物联网技术架构

2.1.2　物联网在智慧园区中的应用

物联网可以很好地解决园区资源分散、涉及专业类型多、信息沟通不通畅、人机信息难共享等问题，可以在智慧园区建设和应用中发挥很好的作用 [3]，包括：

（1）物联网软硬件技术：物联网传感器可以实现园区用电、用水、消防、电梯等特种设备设施的信息采集，软件可以为园区设备远程监控、能源监控、综合信息管理等提供支持。

（2）标识技术：射频识别 RFID 可以给予园区中每个"物"配置一个唯一的电子标签，实现自动识别，从而实现物与物、人与物连接。例如园区设备管理系统中，RFID 可以有效识别移动设备信息，实现园区各类设备设施的快速定位。

（3）网络架构：物联网体系架构有面向服务和语义互操作两个特点，可以为物联网各层架构提供良好的协作和服务。

（4）网络通信技术：在物联网的设备到设备、人到设备、设备到人的信息传输中，可以通过有线或无线技术传播。物联网的高可扩展性可以满足无所不在、数量众

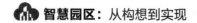

多的设备通信要求。

（5）数据融合和智能技术：数据融合是指处理多种数据或信息，组合出高效且符合用户需求的数据的过程，物联网依托先进的软件工程技术，可以实现海量信息智能分析和控制。物联网通过在物体中植入智能系统，可以让"物"具有一定的智能性，能够主动或被动地实现与用户沟通。物联网可以实现数据融合和智能技术的整合应用。

（6）能量技术：物联网中的能量技术可以使园区中的各类传感设备从环境中获取能量，可以较低的能源消耗实现园区的物与物相连。

2.2 云 计 算

"云"是可以进行自我维护和管理的虚拟化计算资源，一般都由计算服务器、存储服务器等服务器和宽带资源集中在一起。云计算（Cloud Computing）就是将资源池中的数据集中起来，通过资源池运算实现无人参与的自动管理，从而服务最终用户。

云计算是一种虚拟化的计算机资源池，可以实现：托管多种不同的工作负载，快速部署虚拟或物理机器，支持冗余、能够自我恢复且高扩展的编程模型，可以实时监控资源使用情况，在需要时重新平衡资源分配。

2.2.1　云计算技术架构

云计算系统由数据中心、数据部署管理软件、虚拟化组件和云计算管理系统组成。云计算的部署管理软件主要用于管理数据中心的设备资源，如服务器、存储等。虚拟化组件提供了数据中心的虚拟化技术。云计算管理系统为用户申请云计算资源提供界面，并允许管理人员制定云计算管理规则。

2.2.2　云计算的服务模式

根据美国国家标准与技术研究院的定义，云计算服务模式有软件即服务（SaaS）、平台即服务（PaaS）和基础设施即服务（IaaS）三类。

软件即服务（Software as a Service，SaaS）提供给用户的服务是运营商运行在云计算基础设施上的应用程序。用户可以在各种设备上通过浏览器等客户端界面访问应用程序。消费者无需管理或控制服务器、存储、操作系统、网络等云计算设施资源。

平台即服务（Platform as a Service，PaaS）提供给用户的服务是把用户提供的开发语言或工具开发的应用程序部署到供应商的云计算基础设施上。用户无须管理或控制服务器、存储、操作系统、网络等底层的云计算设施，但可以控制部署的应用程序或运营应用程序的托管环境配置。

基础设施即服务（Infrastructure as a Service，IaaS）提供用户的服务是用户利用所有计算基础设施，用户可以部署和运行任意软件（包括操作系统和应用程序）。用户不管理或控制任何云计算基础设施，但能控制操作系统的选择、存储空间和应用部署等。

从服务方式角度来划分，云计算分为公共云、私有云和混合云三种。公共云为公众提供开放的计算、存储等服务，私有云部署在防火墙内，为特定组织提供相应服务，混合云是公共云和私有云的结合。

2.2.3　云计算在智慧园区中的应用

在智慧园区建设和运营过程中，云计算主要是完成数据中心异构环境下网络、主机、存储等资源池的工作，通过智能、便捷的云计算管理平台软件，构建基于云计算的应用支撑平台，包括云平台、云存储、云桌面、业务云等，如表 2-1 所示。

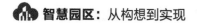

表 2-1 云计算在智慧园区中的应用

类型	智慧园区应用
云平台	各类服务器、存储、交换机、路由器、接入设备、负载均衡等基础架构
云存储	物理服务器和虚拟服务器的操作系统、虚拟化软件、中间件、数据库、云计算等管理平台
云桌面	云桌面设备、软件以及防火墙、身份认证、运维审计、入侵检测、漏洞扫描等各类云计算的安全服务
业务云	各类业务系统云平台管理的虚拟机，支持多操作系统、数据库和中间件

2.3 大数据

大数据（Big Data）是由数量巨大、结构复杂、类型众多的数据构成的数据集合，具有数据体量巨大、处理速度快、数据类型繁多和数据密度低的特点。大数据分析通过多源数据融合和数据挖掘，形成有价值的信息资源和知识服务。

我国网民数量居世界之首，每天产生的数据量也位于世界前列。据统计，淘宝网每天产生 5 万 GB（Gigabyte，吉字节，计算机存储单位，为 1024×1024 个字节）的数据，百度每天处理 60 亿次搜索请求，一个 8Mbps（Megabits per second，每秒百万比特，传输速率单位，）的摄像头每小时产生 3.6GB 的数据，一个病人的 CT（Computed Tomography，电子计算机断层扫描）影像数据量达几十 GB······基于海量数据以及大数据技术，可解析事物发展规律，为政府、企业、组织的决策者提供工具和数据支撑，实现智慧化决策。数据资源已成为重要的战略资产，是创新创业的重要生产要素[4]。

2.3.1 大数据技术架构

大数据平台一般包括数据接入、数据治理、数据计算、作业调度、机器学习、资源管理、数据资产管理、集群运营监控等方面，由数据中心 / 云平台、数据存储、数据计算、数据开发、数据服务、数据应用等六层组成[5]，大数据服务平台还应包括数据管理、平台管理、系统管理等功能，如图 2-2 所示。

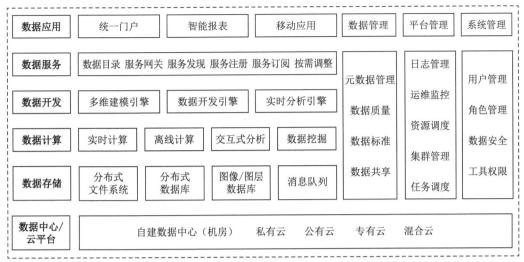

图 2-2　大数据平台技术架构

基于物联网、云计算的智慧园区采集和汇聚了海量数据，包括结构化数据和非结构化数据（如视频、图片等），需要大数据技术用于帮助园区实现以数据价值驱动的园区管理和运营。通过大数据分析，提升园区公共服务能力，提高园区信息化建设水平，推动园区主体参与智慧园区建设和应用，让园区更加智能化。大数据技术在园区的主要应用场景包括基础应用场景和数据智能应用场景，如图 2-3 所示。

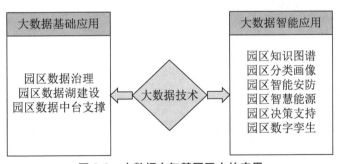

图 2-3　大数据在智慧园区中的应用

2.3.2　大数据基础应用场景

（1）园区数据治理：智慧园区建设和应用中涉及园区设备数据、平台应用数据、园区运营数据、园区经营数据、第三方数据等大量数据采集和治理工作。如图 2-4 所示，大数据技术用于园区各类异构数据清洗、转换、加工、存储、呈现等数据治理，并基于业务规则、数据标准将非同源数据共享和协同，构建园区统一管理的数据资产体系和数据服务体系，为园场各类应用提供数据支撑和业务创新。

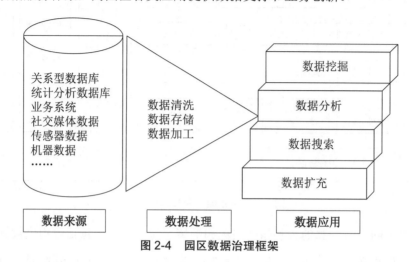

图 2-4　园区数据治理框架

（2）园区数据湖建设：利用大数据技术帮助园区快速建设园区数据湖，对园区实时数据、批量数据、结构化数据、非结构化数据等进行快速收集和存储，提供数据快速查询、海量存储服务，为园区数据中台和知识图谱建设提供数据资源池，提升园区数据管理的规范性和持续性。

（3）园区数据中台支撑：大数据技术帮助园区建立统一数据仓库，以业务、管理和服务视角对系统资源进行统一存储和管理。园区数据中台的建设目标是统筹智慧园区建设过程中沉淀的数据资源云，建立有序的数据资源管理和共享机制，为园区各业务子系统数据提供规范科学的治理和共享，为各业务系统数据使用提供资源检索、定位和呈现服务。在园区数据仓库、数据中台建设过程中需要大数据技术应用和平台支撑，包括数据采集、存储、计算、处理和呈现等过程[6]。

2.3.3　大数据智能应用场景

（1）园区知识图谱建设：通过大数据可以帮助园区构建基于数据、规则、专家经验的知识图谱库，赋能园区经营管理、服务和决策活动。

（2）园区分类画像：以大数据技术为底层驱动，以数据关联为规则，打破各业务系统之间的"信息孤岛"，构建园区数据运营所需的各类画像，如园区企业经营画像、园区居民日常行为画像、园区产业链画像等。大数据技术可以将园区各类专业设备设施的台账、运行、巡检、故障、维修、保养等各类数据汇总集聚，实时掌握园区设备运行状态，识别设备故障预警，保障园区正常运作、经济损失较小和设备利用率提升。

（3）园区智能安防：通过大数据技术对园区人、物、事等进行多维度的分析和监控，通过覆盖园区的视频探头实现园区监控的全覆盖，通过智能化视频分析发现园区运行的薄弱环节和风险隐患，对园区视频进行合理调整，帮助园区精细化运营，实施园区立体化安防[7]。

（4）园区智慧能源管理：基于园区供电、供水、供气、光伏发电等信息采集，通过大数据技术实现三维管线、建筑、能耗等园区能源数据的一体化可视化展示和决策，帮助园区进行能源预测分析和预警，有效进行能耗管理，降本增效。

（5）园区决策支持平台：通过大数据归集、处理、分析和应用，协助园区管理者掌握园区房产及设备设施运行状态，掌握园区企业、居民的公共需求，发现园区新动向趋势，判断政策执行效果，再造园区管理服务流程，提高园区觉察、响应和管理能力。

（6）园区数字孪生支撑：以园区全景三维建模为载体，利用宏观与微观相结合方式，将相对独立又互联关联园区各业务系统，形成完整的园区物物连接的生态圈，组成一个立体矩阵式的园区数字孪生平台。大数据技术可以为园区数字孪生提供全面的数据支撑。

2.4 人工智能

人工智能（Artificial Intelligence，AI）是研究开发用于模拟、延伸和扩展人的

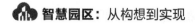

智能的理论、方法、技术和系统的一门技术科学。人工智能本质上是计算机科学的一个分支。人工智能的概念 1956 年被首次提出，经过 60 余年的发展，从 0 到 1，从 10 到 100，从 100 到 10000……人工智能已经深刻改变了我们的工作和生活方式。人工智能已经成为科技创新的重要引擎，正在推动人类社会的第四次工业革命[1]。

2.4.1　人工智能技术架构

人工智能试图了解智能的实质，并生产出一种新的能以人类智能相似的方法做出反应的智能机器。人工智能包括知识表示、自动推理和搜索算法、机器学习和知识获取、知识处理、自然语言理解、计算机视觉、智能机器人、自动程序设计等方面，如图 2-5 所示。

人工智能	知识表示
	自动推理和搜索算法
	机器学习和知识获取
	知识处理
	自然语言理解
	计算机视觉
	智能机器人
	自动程序设计

图 2-5　人工智能研究领域

人工智能的主要应用领域有：通过人工智能程序搜索问题解答空间，寻找较优的解答，实现问题求解；进行逻辑推理，用于信息检索、医疗诊断等应用；进行自然语言识别，生成、识别和理解自然语言；构建专家系统，通过计算机程序存储和应用人类丰富的知识，帮助人们推理和解决专业问题[2]。

20

2.4.2　人工智能在智慧园区中的应用

智慧园区的建设目标是依托人工智能、物联网、大数据等技术实现园区管理的智慧化升级，实现园区安全等级提升、工作效率提升、管理成本下降的目标。随着人工智能技术的成熟，可以建设智慧园区智能化管理平台，例如园区门禁的人脸识别技术，车牌识别和无感支付的智慧停车系统，基于人工智能的安防系统实现安全识别、侵入报警、出入口控制等。

移动互联网是移动和互联网融合的产物。随着物联网、移动互联网等新兴网络技术快速普及，移动互联网实现包罗万象、万物相连，具有随时随地接入、开放分享互动的优势。工作生活中，手机终端如同一根探针，观察和记录着我们的行为习惯和行为特征，可以通过有效分析和挖掘使用者的兴趣爱好，提供针对性的服务[8]。

2.5.1　移动互联网技术架构

典型的移动互联网平台架构分为数据获取层、数据交换层和数据应用层三层，如图 2-6 所示。数据获取层由手机、应用程序、基站等组成，主要完成信息接入、脱敏和清洗，以及不同来源数据的关联处理。数据交换层通过大数据模型，对用户行为数据进行聚合计算和网格化标签，基于位置数据和预测算法进行数据挖掘和行为分析。数据应用层对数据交换层分析的数据结果，提供系统应用访问接口，通过可视化平台呈现和服务。

与移动互联网对应的是"互联网+"，它是以互联网为主的整套信息技术（如移动互联网、云计算、大数据等）在经济生活各方面扩散和应用的过程。"互联网+"中"+"的含义是连接和融合[1]。技术层面上，"+"可以是移动互联网、Wi-Fi 网络等无线网络，也可以是园区各类传感器中的传感技术、线上线下连接、人机交互等。模式层面上，"互联网＋"本质上是传统产业数字化和在线化，从而实现模式创新，如互联网＋出行、互联网＋商业、互联网＋办公、互联网＋医疗、互联网＋金融等。

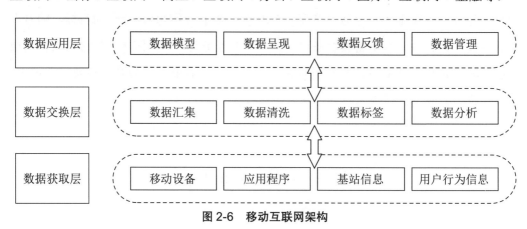

图 2-6　移动互联网架构

2.5.2　移动互联网在智慧园区的应用

随着移动网络的普及和升级，已基本实现移动网络全覆盖（2G、3G、4G、5G），特别是 5G 技术具有高带宽、低延时等特征，为智慧园区提供了基础通信支持[9,10]。基于 5G 网络，可以开启园区万物互联、万物可控的智能新时代，5G＋自动导引运输为园区车辆提供固定路径引导、半自由路径引导和自由路径引导三种无人驾驶模式，实现自动驾驶。基于 5G 网络，可以完美实现全息投影的真实现场感，让会议跨越时空限制，帮助身处不同地方的人员进行互动会议，提升会议效果。基于 5G 网络的超大连接特性，园区可以对能耗系统的海量终端进行无线连接，满足大型园区各种物联网计费终端连接需要，对园区能耗运行情况实时监管。

移动互联网与大数据、云计算、物联网等技术结合，赋予园区智慧化能力，"互联网＋"与各行各业正不断融合（"互联网＋"技术路线图如图 2-7 所示），也拓宽了智慧园区应用（如视频分析、AI 分析等）。智慧园区建设中有多种"互联网＋"应用，比如互联网＋房产／设备通过遍布园区房产、设备设施的感知设备，实现园区资源状态实时感知，园区运行态势实时呈现，为园区经营决策和安全管理提供数据支撑。互联网＋安防，通过"互联网＋"整合园区防盗报警系统、视频监控系统、园区出入管理系统、园区巡更系统、车辆 GPS 报警系统等，实现园区自动报警、联动处置和全程追溯的智能安防。

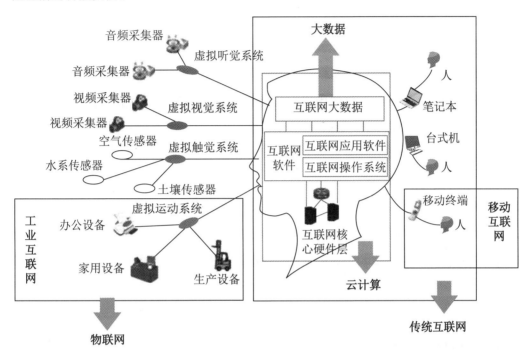

图 2-7　"互联网＋"技术路线图

 可视化技术

可视化技术包括以三维地理信息系统（GIS）、建筑信息模型（BIM）等为代表的三维可视化技术，也包括虚拟现实（VR）、增强现实（AR）等为代表的可视化交互技术。

2.6.1　三维可视化技术

地理信息系统（Geographic Information System，GIS）是一种空间信息系统，它

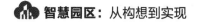

是在计算机软硬件系统支持下，对整个或部分地球表层空间中的有关地理分布数据进行采集、储存、管理、运算、分析、显示和描述的技术系统。GIS 分为二维 GIS 和三维 GIS，均提供矢量化图层，为园区资源分布、资源呈现等应用提供便利。

建筑信息模型（Building Information Modeling，BIM）是建筑学、工程学的新工具。BIM 的核心是通过建立虚拟的建筑工程三维模型，利用数字化技术，为这个模型提供完整的、与实际情况一致的建筑工程信息库。BIM 借助建筑工程信息的三维模型，大大提高了建筑工程的信息集成化程度，从而为建筑工程项目的相关利益方提供一个工程信息交换和共享的平台。BIM 以三维数字技术为基础，集成建筑工程项目各种相关信息的工程数据模型，具有单一工程数据来源，可以解决分布式、异构工程数据之间的一致性和全局共享问题，支持项目全生命周期动态管理。BIM 是面向建筑相关的实体对象集合，包含了完整的工程相关信息，模型中的对象是可识别且相互关联的，可以实现在建筑全生命周期不同阶段的模型信息一致性，可以与多系统数据共享，是园区开发建设等应用的技术工具，可以在园区规划设计、工程建设、运营管理等各阶段应用 BIM[11,12]。

2.6.2 可视化交互技术

从传统界面式人机交互方式，发展到虚拟现实、增强现实、机械外骨骼等多种交互或辅助的体验方式，新型交互方式正逐渐对人们工作生活产生剧烈影响，越来越多原本超出人力可为的事情正变为可能。

虚拟现实（Virtual Reality，VR）是一种可以创建和体验虚拟世界的计算机仿真系统，它利用计算机生成模拟环境，是一种多源信息融合、交互式的三维动态视景和实体行为的计算机仿真系统，可以使用户沉浸其中。VR 由模拟环境、感知、自然技能和传感设备等组成。模拟环境是由计算机生成、实时动态的三维立体逼真图像。感知通过计算机技术实现视觉、听觉、触觉、力觉、运动甚至嗅觉、味觉等多感知功能。自然技能是指人的头部运动、眼睛、手势、人体动作等由计算机处理与参与者动作相应的数据，对用户输入做出实时响应，并反馈至用户五官。传感设备是指三维交互设备，是信息传输媒介。VR（虚拟现实）沉浸式虚拟环境体验，可应用于娱乐、展览、学习等领域。

增强现实（Augmented Reality，AR）是一种实时计算投影位置以及角度并加上相应图像、视频、3D 模型的技术，在屏幕上把虚拟世界套在现实世界并进行交互。AR 是一种将真实世界信息和虚拟世界信息集成的技术，它把一些原本在现实世界一定时间与空间范围内难以体验到的实体信息通过计算机模拟仿真后叠加，将虚拟信息应用到真实世界而被人类感官所感知，达到超越现实的感官体验。增强现实包含了多媒体、三维建模、实时视频显示及控制、多传感器融合、实时跟踪、场景融合等新技术，实现真实世界和虚拟信息集成。AR（增强现实）虚拟影像与现实环境结合，主要可应用于医疗、设计、学习、娱乐等领域，机械外骨骼，可应用于重体力工作、残疾人辅助、探险、军事等领域。

在智慧园区建设中，借助 VR/AR 技术，可以连接真实世界和虚拟世界，给园区管理者、运营者、决策者提供身临其境的场景，在"真实环境"中模拟仿真园区规划效果、园区运营情况、园区管理情况、园区服务情况等，进行科学化管理、服务和决策。

参 考 文 献

[1] 杨靖，张祖伟，姚道远，等．新型智慧城市全面感知体系 [J].物联网学报，2018，2（3）：91-97.

[2] 韩存地，刘安强，张碧川，等．基于物联网平台的智慧园区设计与应用 [J].微电子学，2021，51（1）：146-150.

[3] 王文利．智慧园区实践 [M].北京：人民邮电出版社，2018.

[4] 黄河燕．大语言模型已成人工智能变革的关键驱动力 [J].IT 经理世界，2023 年第 4 期：6-13.

[5] 智慧园区应用与发展编写组．智慧园区应用与发展 [M].北京：中国电力出版社，2020.

[6] 周明升，张雯．一种面向多源数据的智慧园区管理平台 [J].计算机与现代化，2023，333（5）：68-74.

[7] 潘志刚．智慧园区发展思路研究 [J].智能城市，2020，6（18）：12-14.

[8] 周明升，韩冬梅．一种改进的缺失数据协同过滤推荐算法 [J].微型机与应用，2016，35（17）：17-19.

[9] 赵国锋，陈婧，韩远兵，等 . 5G 移动通信网络关键技术综述 [J]. 重庆邮电大学学报（自然科学版），2015，27（4）：441-452.

[10] 梁芳，孙亮，郭中梅 . 新型 5G 智慧园区建设的探索与研究 [J]. 邮电设计技术，2020（2）：51-54.

[11] 周明升，张雯 . 一种基于轻量化 BIM 的工程全过程管理系统的设计与实现 [J]. 计算机时代，2023（1）：127-131+136.

[12] 周子航 . 一种基于物联网和 BIM 的工程全过程管理系统架构 [J]. 计算机时代，2023（3）：47-51.

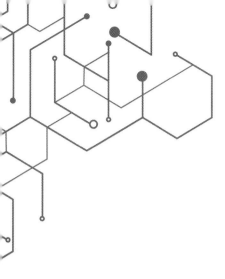

第 3 章　智慧园区规划

　　智慧园区建设是一项系统工程，需要整体规划，分步实施。不管是技术发展趋势，还是园区自身发展趋势，建设智慧园区都是大势所趋，然而，如何规划和实施好智慧园区，需要方法工具、评估机制和案例支持。

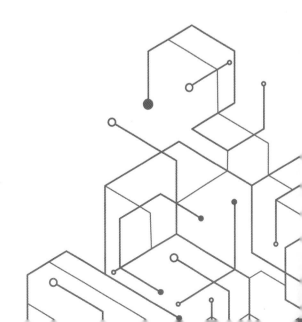

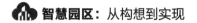

3.1 智慧园区必要性

3.1.1 技术发展背景

数字化、信息化正深刻改变着社会生活各领域，园区发展需要对信息化环境进行不断更新和优化，以适应新产业发展需要以及工作生活中出现的新需求。大数据、云计算、物联网等为代表的新兴信息技术深刻改变着经济生活的各领域，如智慧城市、"互联网 +"等。智慧园区是智慧城市的重要表现形式，随着新一代信息技术的发展，园区管理、服务和决策方式发生深刻改变，由园区开发、招商服务向园区整体创新服务转型。

我国各级政府认识到园区是推动当地经济发展的重要力量，园区发展带动产业集聚，产业发展带动就业，带动当地经济发展，实现园区发展的良性循环。20 世纪 80 年代以来，我国各级园区（国家级、省级、市级、县级）、各类园区（生产加工、物流仓储、综合保税等）纷纷设立，园区政策日趋同质化，园区之间的竞争也日益加剧。随着我国改革开放的推进，传统"政策洼地"为主的优势越来越小，园区之间的竞争更多是综合实力的竞争 [1,2]。

3.1.2 园区自身发展需要

（1）智慧园区是园区转型升级的重要途径。随着园区政策趋同和竞争加剧，园区面临企业流失、产业流失的压力 [3]。随着经济发展，我国人口红利、房产土地、能源资源等硬件资源成本增加，环境承载能力脆弱。智慧园区建设可以提升园区品牌，建立由公共行政价值、管理服务价值、产业支撑价值构筑的园区差异化竞争能力，可以推动建立低碳环保、循环利用、资源共享的可持续化发展模式。

（2）智慧园区是园区发展建设的客观要求。信息时代的生产生活方式发生了巨大改变，生产方式和商业模式进入智能化制造、柔性化生产、大规模个性定制时代，办公不受时间空间限制的随身化和移动化环境，生活上越来越多地依赖网络组织、自媒体和信息流量消费。园区作为产城融合（产业和城镇相互促进相互融合）的空间，要适应信息时代的发展要求，为园区企业、员工、居民提供符合时代要求的服务[4]。

3.2.1 智慧园区规划原则

在智慧园区顶层规划时，要做到突出战略规划。结合园区定位和发展方向，制定智慧园区战略规划，战略引领，一把手牵头，全员参与，分步实施。智慧园区顶层规划要坚持需求导向。要充分分析园区内外部发展环境，以满足园区管委会、开发主体、入驻企业、园区居民等需求为目标，充分挖掘各方当前和未来的智慧需求，制定相应的发展规划策略。智慧园区顶层规划要把握技术发展。要充分分析技术现状和发展趋势，借鉴国内外先进案例，以互联网思维深度融合园区管理、服务和发展，规划要适度超前，具有一定的前瞻性。

政府引导，全员参与：园区所在政府（所在省市、园区管委会等）的政策引导和资金扶持是智慧园区建设的重要力量，要强化园区管委会、开发公司、园区企业、园区居民、配套服务提供者等园区各主体的充分参与，鼓励园区各方参与智慧园区建设、运营和管理。

规划先行，分步实施：着眼园区定位、园区痛点和发展方向，制定智慧园区建设发展顶层规划，规划引领、突出重点、分步实施，统筹推进政府、开发公司、园区企业等园区主体的数字化协调发展。

标准统一，分类统筹：在智慧园区规划、建设和运营过程中，要突出强调标准统一，通过标准的数据标准、接口规范和管理规则，实现各智慧园区系统协同，发挥 1+1>2 的作用。

多规合一，资源整合：通过信息化手段，实现涉及园区城市空间的国土、规

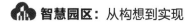

划、环保、交通、文化、教育等多部门协同，以园区全域现状数据为基础，综合运用 BIM（Building Information Modeling，建筑信息模型）、GIS（Geographic Information System，地理信息系统）、VR（Virtual Reality，虚拟现实）/AR（Augmented Reality，增强现实）等技术手段，形成园区区域覆盖、要素叠加的一本规划、一张蓝图，实现跨部门协同和信息共享，通过智慧园区建设提高园区发展水平。

3.2.2 智慧园区规划过程

智慧园区规划分为环境分析、需求分析、绘制蓝图、系统架构、实施路线等过程[5]。

（1）环境分析：分析智慧园区发展政策、国内外智慧园区建设和发展情况、智慧园区建设关注点等智慧园区建设内外部环境，使规划更加有的放矢。

当前，以数字化、网络化、智能化为核心的新一轮科技与产业革命正在兴起，大数据、云计算、物联网、人工智能、5G 等新一代信息技术推动新模式、新业态、新场景的持续发展。园区作为城市的重要组成部分和功能载体，其信息基础设施、管理模式、应用场景等正面临数字化重塑，这一重塑过程是全时空、全要素、全方位的，智慧园区有望实现园区全面感知，实现园区人、物、管理、服务、生活等各类系统的全面互联和信息整合[6]。

（2）需求分析：对园区管委会等政府部门、开发主体、园区企业、园区居民、配套服务供应商等园区各主体进行充分调研，从园区主体需求出发，明确需求、范围和目标。

智慧园区通过将新一代信息技术渗透到园区生产、管理、服务、生活等各方面，为园区企业和居民提供高效、安全、便捷的园区管理和公共服务，助力园区环境改善和发展能力跃升，提升园区的吸引力和发展力，推动园区产业集聚和经济发展。对不同的园区主体而言，智慧园区的需求不尽相同[7]。园区管委会等政府部门和园区开发主体，希望通过智慧化手段支持园区开发、建设、运营和整体协调工作，集中在资源整合和信息共享为基础的政务服务、园区管理、招商引资、经济发展等方面。园区企业是园区日常运营的创造性主体，其智慧园区需求主要体现在政策理解、高效协同、产业升级、配套服务等方面。园区从业者、居民、游客等园区公众是园区服务个体，其智慧园区需求体现在公共交通、生活配套、物流运输、教育医疗等方面。

在进行智慧园区规划时，应确定园区存在的主要问题，明确当前发展阶段下智慧园区发展的需求，通过对园区政府、开发主体、园区企业等详细调查来获得智慧园区发展需求。在智慧园区规划时，应充分重视和分析现有的各类信息系统等信息化成果，并根据现实需求和未来发展确定是否需要保留或升级这些信息化成果，或者是未来进行新的信息系统建设来改善信息化能力。

（3）绘制蓝图：根据智慧园区需求分析的结果，描述并绘制出智慧园区发展蓝图，确定技术实现路线，制定智慧园区顶层目标并逐步推进实施。智慧园区蓝图需要确定智慧园区建设总体目标、阶段目标、项目规划等，并确定推进智慧园区的技术路线。

智慧园区规划总体架构如图 3-1 所示，该智慧园区架构分为数据层、平台层、网络层、应用层（业务层）和呈现层五层[8,9]。数据层对园区现有数据和将有数据进行分析，包括结构化数据、视频数据、GIS（Geographic Information System，地理信息系统）数据、BIM（Building Information Modeling，建筑信息模型）数据、CIM（City Information Modeling，城市信息模型）数据等，选择合适的数据存储方式（集中式存储或分布式存储）和数据模型（数据中台、主数据、标签等）。平台层为智慧园区提供技术方法，如大数据、云计算、人工智能、可视化技术等。网络层规划智慧园区网络组成和逻辑架构，包括园区专网、物联网、Wi-Fi 网络、移动基站等。应用层根据智慧园区建设需要，结合开发建设、园区管理、招商服务、园区发展等园区主要业务，构建智慧园区业务功能蓝图。呈现层根据呈现方式（电脑端、移动端、大屏展示）和使用对象（监管部门、开发主体、园区企业等）构建智慧园区呈现蓝图。

智慧园区规划	呈现层	电脑端　移动端　　大屏	智慧园区用户
	应用层	公共服务　园区运营　园区管理	园区大脑
	网络层	园区专网　物联网　Wi-Fi　移动基站	…
	平台层	大数据　云计算　人工智能　可视化技术	…
	数据层	结构化数据　图像数据　GIS BIM CIM	…

图 3-1　智慧园区规划总体架构

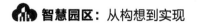

（4）系统架构：根据智慧园区蓝图细化实现智慧园区的系统架构，包括技术架构、网络架构（有线和无线资源）、业务架构（智慧园区主要业务功能）、数据架构（集中式存储或分布式储存）等。

某智慧园区平台架构分为用户层、展示层、业务层、数据层和支撑层五层[10]，还应该包括标准体系和安全体系，如图 3-2 所示。

用户层：平台用户包括园区管委会等政府部门、开发公司、园区企业、园区员工和访客、园区运行供应商（如特种设备维保单位等）。展示层：平台可以通过监管大屏展示、电脑 Web（网页）端访问、移动设备访问，可以通过协同 APP（Application，应用程序）处理各种待办事项。业务层：平台包括 GIS 全景地图展示、专业系统入口、房产综合管理、设备集成管理、资产设备管理、资源统一调度、统计分析报表、园区报警处置、工具栏选型、个人中心、系统管理等业务功能模块。数据层：平台提供数据接口（用于对接园区设备设施专业系统数据）、系统服务（整合园区现有业务系统）、系统接入（用于对接监管单位等系统），用于数据采集和交换，通过数据管理网关进行平台数据分类、处理、存储和呈现。支撑层：用于智慧园区平台的软硬件支撑，包括网络平台、存储系统、数据库等。

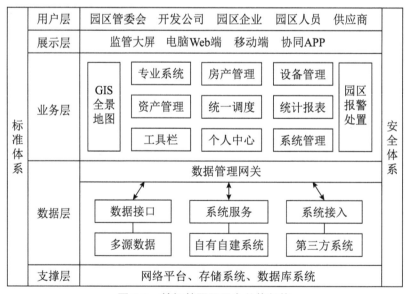

图 3-2　某智慧园区平台总体架构

为保障智慧园区五层架构的有效实现，构建了标准系统和安全体系。标准体系包括数据标准、网络标准、接口标准、安全标准、服务标准、应用标准等各类标准化体系。安全体系包括系统安全、网络安全、数据安全、运行安全、应用安全等。

（5）实施路线：通过环境分析和需求分析，根据实施蓝图和系统架构确定具体技术路线。如图 3-3 所示，智慧园区规划不是简单靠规划团队或技术团队就可以完成的，需要依靠智慧园区所涉及的各类技术和业务人员，需要协同努力，通过"数字＋业务""业务＋数字"，制定一份有一定前瞻性和可实现的智慧园区顶层规划。

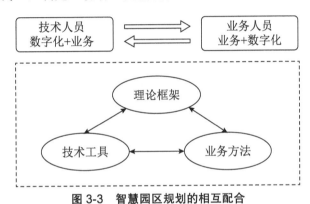

图 3-3　智慧园区规划的相互配合

3.3　智慧园区规划评估

3.3.1　智慧园区规划评估概述

智慧园区规划评估旨在深入贯彻落实智慧园区规划和发展战略，实施规划监测预警和绩效考核机制，以问题为导向、以重点项目为抓手，不断提升园区品质，提升园区治理能力和治理水平。

针对园区存在的问题，面向精细化管理要求，在大数据、物联网、云计算、人工智能等新一代信息技术背景下，研究智慧园区规划评价，探索建立指标、指数、

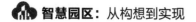

评价体系在内的智慧园区规划评价体系。以规划编制结果作为园区发展的蓝本，探索建立"计划—实施—检查—处理"的园区建设、管理和改进的闭环工作机制，借助园区实时数据及时反馈智慧园区规划情况。规划实施过程中，要检验该规划是否到位、合理和正确，及时发现问题、找到问题和预警问题，通过动态监测实现持续改进。

3.3.2 评估理论和评估方法

针对智慧园区建设和发展特点，构建智慧园区规划评估指标体系，综合考虑土地与建筑评估、交通与市政评估、就业评估、公共服务评估、生态环境与安全管理评估、产业经济评估等智慧园区各方面，如表 3-1 所示。

表 3-1 智慧园区规划评估维度

评估维度	评估内容	评估维度	评估内容
土地与建筑估	建筑用地规模	公共服务评估	商业设施服务
	建筑规模		医疗设施服务
交通与市政评估	道路网络程度和密度		教育设施服务
	地面交通服务能力		体育设施服务
	轨道交通服务能力		文化设施服务
	停车位服务能力	生态环境与安全管理评估	应急避难场所
	地下管线		绿化环境
就业评估	就业岗位		水环境
	学历结构		空气质量
	技术职称	产业经济评估	企业数量
	工作年限		行业分布
	年龄结构		企业总收入
	通勤情况		利润总额
	其他情况		创新成果

3.4 智慧园区规划案例

3.4.1 案例：苏州工业园区

苏州工业园区隶属江苏省苏州市，1994 年 2 月经国务院批准设立，同年 5 月启动实施，行政区划面积 278 平方公里，是中国和新加坡两国政府间重要合作项目，被誉为"中国改革开放的重要窗口"和"国际合作的成功范例"。经过近三十年的发展，苏州工业园区成为全国开放程度最高、发展质效最好、创新活力最强、营商环境最优的区域之一，在国家级经开区综合考评中实现七连冠（2016—2022 年），跻身科技部建设世界一流高科技园区行列[11]。

苏州工业园提出了"宽带园区、协同园区、宜居园区、亲民园区"和"云彩新城"的智慧园区框架体系（如图 3-4 所示），以政务信息化、公共服务、环境管理等为重点建设领域，大量智慧应用为公益性，结合大量电子制造业企业集聚的优势，成立智慧城市实验室，通过智慧园区建设与园区企业发展相互促进、共同发展。

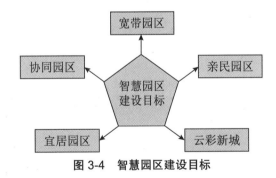

图 3-4　智慧园区建设目标

智慧园区主要建设成果包括：

（1）政务信息化：建立政务私有云，统一规划建设园区信息化基础设施，按需提供给园区政府各委办局使用；建立数字档案馆，实现跨系统信息集聚和共享；95% 以上涉及园区企业和个人的事项实现网上预审或审批。

（2）智能公交：各公交车辆均安装车载智能设备，公交车站实现智能导引。苏州

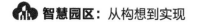

工业园智能公交应用场景获得全国信息化应用通信技术创新成果金奖。

（3）智慧环保：投放数百辆在线检测仪，率先实现园区环境监管全覆盖，对园区企业废水废气检测全覆盖。

3.4.2 案例：上海外高桥保税区（外高桥自贸区）

上海外高桥保税区是 1990 年 6 月国务院批准设立的我国第一家保税区，2013 年 9 月 29 日中国（上海）自由贸易试验区在外高桥保税区挂牌成立，是我国设立的第一个自由贸易试验区。经过 30 多年的开发建设，外高桥保税区建成了覆盖 10 余平方公里大量房产和设备设施资源，聚集了数万家企业[12]。园区管理面临如下痛点：设备日益老化故障频发、维修成本高；园区资源分散，管理上以劳动密集型为主；园区电站、电梯、消防等各类设备设施管理各自为政，无法联动[13]；缺乏数字化管理手段，房产及设备运维以经验为主；管理和服务层级化，客户诉求响应不及时不准确[10]。2016 年，上海外高桥保税区制定了智慧园区建设规划，经过五年左右的努力，基本建成工业园区的智慧园区。

（1）智慧园区建设目标

以"基础设施前瞻、能力平台协同、信息资源共享、应用服务便捷"为理念，面向政府部门、园区管理方、企业、公众等不同用户，构建"智汇管理，智惠服务"的智慧园区。

智慧园区建设具体目标为：①政府服务方面：通过政务信息化建设，实现政务高效和信息通达，为落实园区政策措施提供关键技术手段和创新载体，实现政务汇集。②园区管理方面：汇集建设园区管理类信息化系统，汇聚园区信息，创新管理模式，提升园区管理和服务能级，实现管理智汇。③企业服务方面：以信息化助力打造科技创新的产业环境，提供先进的企业信息化办公条件，支撑园区转型发展，促进园区产业提升，实现惠企服务。④公共生活方面：信息化建设贴近生活，科技惠民，让工作和生活在园区的公众体会到园区带来的安全、便捷和舒适，实现惠民生活。

（2）智慧园区建设实施路线

以园区开发为例，根据智慧园区建设总体目标和分解目标，提出"1+2+4+N"的智慧园区实施路线。

1 个骨干网：通过自建和购买服务相结合的方式，在园区布设上百个光纤接入点，在园区总控中心汇集，园区各小区可通过光纤接入点接入园区专用网络，结合 3G、4G、5G 等移动基站以及安装在各类设备上的物联网卡，实现园区光纤全覆盖、通信全覆盖、设备全感知。

2 个中心：园区总控中心和园区客户服务中心。园区总控中心是园区集中监控、应急处理、协调调度、信息汇集和大数据分析中心，实现园区各类信息汇集、处理和调度。园区客户服务中心为软件中心，以客户为视角，实现园区客户分级分类服务，实现客户各类诉求多源接入、统一处理和实时反馈，实现客户入驻、管理、服务、离园等全过程全周期服务。通过信息化手段实现政府、开发主体、园区客户等信息共享和流程打通，提高客户响应速度、客户满意度和获得感。

4 个平台：建设智慧园区招商服务平台、智慧园区专业设备集成管理平台、智慧园区综合业务平台、智慧园区智慧物业平台等四个平台，如图 3-5 所示，实现园区设备设施、业务活动、招商服务、物业管理服务等管理和服务的全面系统化。

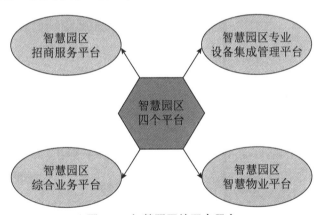

图 3-5 智慧园区的四个平台

N 个专业系统：适应专业设备系统运维的市场化、专业化、信息化趋势，与外部一流的专业设备信息化云平台服务供应商战略合作，通过移动互联、物联感知、应用软件、线上线下联动监控等多种方式，打造园区各专业设备设施智慧监控管理专业系统。

如图 3-6 所示，通过智慧园区专业系统集成平台汇集各专业系统（视频监控、电

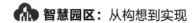

站管理、电梯管理、水泵房管理、消防管理、停车管理、光伏系统、能源管理等）的台账、运行、故障、维修、维保等信息，实现统一监管[10]。

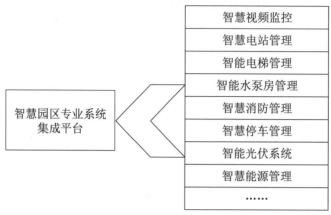

图 3-6　智慧园区专业设备设施管理系统

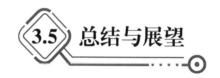

在智慧园区规划过程中，要对园区面临的内外部环境进行全面分析，有效收集园区各主体当前和未来的智慧化需求，结合园区发展定位、园区信息化基础、信息技术发展趋势等，绘制智慧园区建设蓝图，明确智慧园区架构（技术架构、网络架构、业务架构和数据架构），确定细化明确的智慧园区实施路线，制定符合园区特征的可落地的规划。在规划实施过程中，通过建设、管理和优化的工作闭环对智慧园区规划进行评估和优化，总体规划，分步实施，最终建成符合园区特征的智慧园区，推动园区软硬件环境和综合竞争力提升，推动园区升级发展。

智慧园区规划是一个动态递进、螺旋上升的过程，要结合智慧园区建设实际、技术发展和园区需求变化实际，适时评估智慧园区规划实施效果，按需动态调整。如图 3-7 所示，在智慧园区规划和实施过程中，要把握如下原则：整体规划、分步实施，先易后难、实用优先，统一标准、资源共享，试点先行、全面推广，基础先行、适度超前。

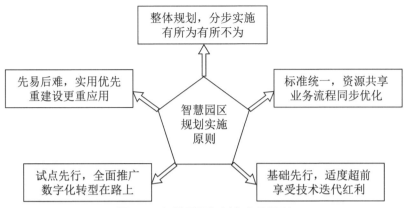

图 3-7 智慧园区规划和实施原则

参考文献

[1] 杨凯瑞，张毅，何忍星.智慧园区的概念、目标与架构 [J].中国科技论坛，2019（1）：115-122.

[2] 韩存地，刘安强，张碧川，等.基于物联网平台的智慧园区设计与应用 [J].微电子学，2021，51（1）：146-150.

[3] 臧胜.智慧园区智能化系统的规划及设计 [J].现代城市研究，2017（11）：130-132.

[4] 邹砺锴.智慧城市建设下智慧园区规划设计探索 [J].智能城市，2020，6（8）：15-16.

[5] 王文利.智慧园区实践 [M].北京：人民邮电出版社，2018.

[6] 王广斌，张雷，刘洪磊.国内外智慧城市理论研究与实践思考 [J].科技进步与对策，2013，30（19）：153-160.

[7] 张雯，周明升.基于数据中台的园区经营监管平台的设计与实现 [J].网络安全与数据治理，2023，42（4）：78-84.

[8] 王莉红.基于物联网技术构建智慧园区数字化系统探究 [J].物联网技术，2022，12（3）：54-56.

[9] 张雯，周子航，周明升.基于物联网和人工智能的园区安全运营管理平台 [J].计算机时代，2023（2）：132-136.

[10] 周明升，张雯.一种面向多源数据的智慧园区管理平台 [J].计算机与现代化，2023，333（5）：68-74.

[11] 苏州工业园区管理委员会.苏州工业园区介绍 [Z]，http://www.sipac.gov.cn/szgyyq/yqjj/common_tt.shtml.

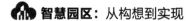

[12] 周明升，韩冬梅.上海自贸区金融开放创新对上海的经济效应评价——基于"反事实"方法的研究 [J].华东经济管理，2018，32（8）：13-18.

[13] 刘在英，周明升.辅助视觉下升降机平台人数超载智能检测方法 [J].微电子学与计算机，2014，31（6）：184-188.

第 2 篇 实现篇

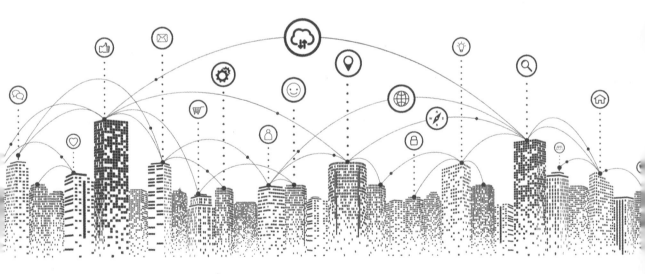

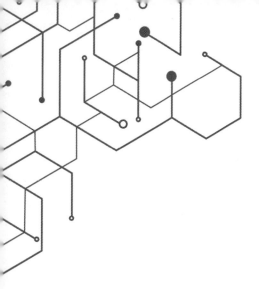

第 4 章　智慧园区建设——基础资源平台

　　智慧园区是智慧城市的缩影和重要呈现方式，智慧园区建设要坚持服务导向，园区网络通信、数据中心、云服务、安全资源等基础资源建设要适度超前，整体规划分步实施。

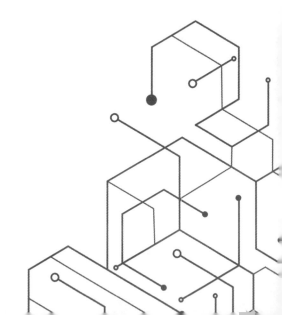

4.1.1　园区基础网络设计原则

园区基础网络设计要遵循高可靠性、高扩展性、可管理性和高安全性的原则。

（1）高可靠性：园区基础网络是园区数据中心、信息系统连接的网络载体，网络高可用性和高可靠性是智慧园区成功的基础。在网络可靠性设计中，既要考虑园区高速泛在骨干网络设计，也要考虑网络可达性设计，通过高速泛在网络组建园区骨干网，为视频监控等应用提供可靠支撑，通过覆盖园区的基站、无线、物联网等方式，实现园区网络信号全覆盖。

（2）高扩展性：园区设备设施需要具有较高的端口密度，在园区网络接入层和汇聚层要采用模块化设计，可根据智慧园区建设需要灵活扩展网络带宽、接入端口和安全配置，实现园区网络按需搭建。

（3）可管理性：智慧园区网络应具备完整的网络功能、完整的管理体系、多厂商设备管理能力和后台管理平台，方便园区管理方和服务对象网络接入需要。

（4）高安全性：安全性是智慧园区网络的基础问题，包括硬件设备安全、安全控制和安全服务等内容。

4.1.2　园区基础网络架构

园区基础网络包括接入层、汇聚层和核心出口层三层。

接入层：提供局域网、Wi-Fi、物联网相结合的网络接入方式，满足园区用户、园区设备设施等接入需要。

汇聚层：以小区为单元，实现信息汇集，并通过园区主干网汇集至园区控制中心，实现园区管理、服务和生活的集中式管理。

核心出口层：根据智慧园区业务管理需要，园区采用高性能网络防火墙和交换机，实现园区内部高速通达，园区网络内外安全互联和数据交互。

图 4-1 是笔者设计的一种典型的智慧园区网络拓扑图[1]，网络防火墙作为平台内外网防护和数据交互通道，防火墙具备高可用性（High Availability，HA）负载均衡，专业设备设施服务器通过安全套接层协议的超文本传输协议（Hyper Text Transfer Protocol over Secure Socket Layer，HTTPS）访问防火墙与平台进行加密数据交互，本地设备设施数据由本地数据网关采集后，通过 4G/5G 加密传输至防火墙，分支机构通过防火墙虚拟专用网络（Virtual Private Network，VPN）隧道接入，局域网外台式电脑、笔记本电脑、移动终端通过 VPN 客户端访问平台。防火墙内部为局域网，核心交换机下通过交换机和网关接入各类资源，服务器区交换机接入已有系统服务器群组和智慧园区平台服务器群组，办公区域交换机连接员工电脑、移动设备和监管大屏，园区专线网关连接园区各分支节点交换机，分支点交换机连接监控器、视频存储、系统终端等本地设备。

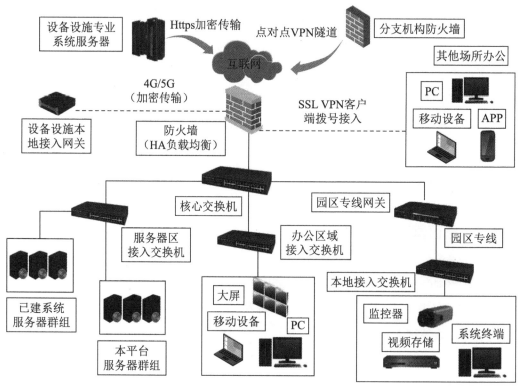

图 4-1　一种典型的园区网络拓扑结构

4.2 园区数据中心

园区数据中心是园区各类信息系统的承载空间。园区建立完善的运营管理体系和安全保障体系，建立园区数据中心（计算机机房）。根据 2018 年工信部制定的《数据中心设计规范》国家标准 [2]，数据中心分为 A、B、C 三级。符合下列情况之一的定义为 A 级：电子信息系统运营中断将造成重大的经济损失；电子信息系统运行中断将造成公共场所秩序严重混乱。符合下列情况之一的定义为 B 级：电子信息系统运营中断将造成较大的经济损失；电子信息系统运行中断将造成公共场所秩序混乱。其他情况定义为 C 级。数据中心应满足环境要求（温湿度、空气粒子浓度、噪声、电磁干扰、震动及静电等）、建筑与结构要求、空调、电气、电磁屏蔽、网络布线、智能化系统、给排水、消防安全等要求。

考虑到园区数据中心（计算机机房）是智慧园区各系统、网络和数据的物理承载空间，发生故障将给园区带来较大损失，应根据风险大小和损失情况按 A 类或 B 类设计建设。数据中心建设包括机房设计、机房装修、给配电、空调系统、综合布线、消防工程、环境监控、设备管理等内容，如表 4-1 所示。

表 4-1　智慧园区数据中心（机房）建设内容

建 设 项 目	建 设 内 容
机房设计	根据使用要求并结合建筑结构，规划机房各功能区域
机房装修	满足国标对防尘、防静电的要求
给配电	包括供电系统、照明、防雷、接地等内容
空调系统	机房精密空调、新风和排风系统
综合布线	标准化配线，实现信息点集中管理，分区控制
消防工程	消防报警系统和气体消防系统
环境监控	供电监控、空调监控、温湿度监控、视频监控、门禁系统、消防监控、防漏监控等
设备管理	服务器机柜、配线机柜、网络设备等设备设施管理

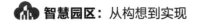

园区应加强园区信息资源的共建共享，可以引进云服务供应商为园区企业和个人提供公有云、私有云和混合云等服务，服务方式分为软件即服务（Software as a Service，SaaS）、平台即服务（Platform as a Service，PaaS）和基础设施即服务（Infrastructure as a Service，IaaS）等三种。

SaaS 提供给用户的服务是服务商运行在基于云计算的基础设施上的应用程序。用户可以在各种设备上通过浏览器等客户端界面访问应用程序。消费者无须管理或控制服务器、存储、操作系统、网络等云计算设施资源。

PaaS 提供给用户的服务是把用户提供的开发语言或工具开发的应用程序部署到供应商的云计算基础设施上。用户无须管理或控制服务器、存储、操作系统、网络等底层云计算设施，但可以控制部署的应用程序或运营应用程序的托管环境配置。

IaaS 提供用户的服务是用户利用所有计算基础设施，用户可以部署和运行任意软件（操作系统和应用程序）。用户不管理或控制任何云计算基础设施，但能控制操作系统的选择、存储空间和应用部署等。

按服务对象和服务方式，云服务供应商为园区企业或个人提供云主机、云存储、桌面云等服务。

（1）云主机：企业云主机以整合优化资源配置、提高业务系统服务的连续性、保障峰值 IT 资源的复用和实现资源最大化利用为原则，面向业务推出系统管理软件。或以降低管理成本、实现资源统一管理为核心，推出面向用户的服务平台，增强服务资源的管控能力。如图 4-2 所示，企业云主机一般由集中式存储、管理控制台、支持服务器和虚拟资源池组成，云主机运行在物理服务器上，存储放在集中式存储中，控制台对整个物理机、云主机、存储进行管理[3]。

（2）云存储：通过集群应用、网格技术和分布式文件系统，将大量不同类型的存储设备通过应用软件集合起来协同工作，共同对外提供数据存储和业务访问功能。云存储主要由存储硬件资源池（包括存储网关、磁针、存储服务器等）和软件平台两部分组成，通过软件平台层向应用提供云存储服务。如图 4-3 所示，云存储一般由分布式缓存、分布式数据库、分布式文件系统以及相应的软硬件资源组成。

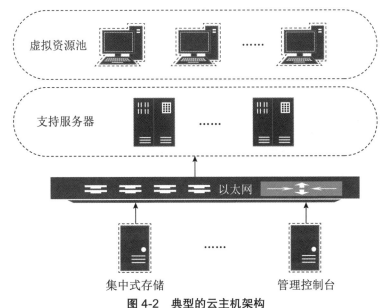

图 4-2　典型的云主机架构

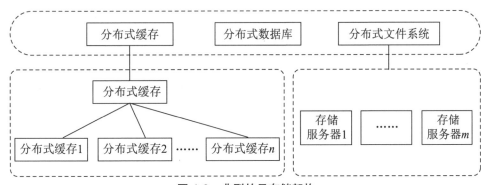

图 4-3　典型的云存储架构

（3）桌面云：将个人计算机桌面环境通过"客户端 / 服务器"的计算模式从物理机器分离的概念，是一种桌面虚拟化。桌面虚拟化以用户为中心，当用户在远程客户端工作时，相应的操作系统、应用程序、用户数据都将集中运行和保存，同时允许用户通过任何可能的设备接入他们的桌面。桌面云为用户提供虚拟桌面，用于替代传统的电脑桌面，并提供桌面统一管理和监控、终端统一管理和监控功能。如表 4-2 所示，在设计桌面云时要综合考虑数据安全、网络安全、系统安全、快捷访问、便于管理等方面。

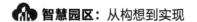

表 4-2　桌面云的设计原则

方　面	内　容
数据安全	桌面云运行在服务器上，桌面镜像存在共享的网络存储上，服务器和网络存储集中部署在数据中心机房中，要严格控制机房管理人员的文件拷贝。
网络安全	管理网、业务网、存储网三网要分离，各网络要采用双网或多网冗余，保障系统网络可靠。
系统安全	服务器采用冗余备份设计，保障系统服务器故障时，它所对应的桌面可以在其他服务器上重新启动，单设备故障时不影响体系整体运行。
快捷访问	用户访问虚拟桌面，从启动到登录桌面要控制在一定时间范围内，对用户来说，桌面云等同于本地访问。
便于管理	为用户配置账号，用户可快捷操作桌面的创建、升级、分配和监控，用户桌面可通过服务器统一升级维护。

4.4　园区安全资源

园区是一个开放的公共场所，如何保障园区管理安全、运营安全、服务安全是园区运营者关注的事项。智慧园区建设可以整合遍布园区的视频监控网络提高园区安全技术水平，建设覆盖园区的入侵报警系统提高园区安全管理水平。随着园区各类设备设施接入网络，对网络安全也提出了更高的要求。

4.4.1　视频监控系统

通过光纤网络将分散在不同地块、楼宇的视频监控系统联网，实现集中统一管理，结合大数据、人工智能、视频分析等实现园区智慧视频监管。视频管理集成化，视频监控由分散管理到集中管理，相关子系统（如消防、门禁等）可以与视频监控系统联动；视频监控智能化，通过园区视频智能识别和分析，实现园区集中调度、自动预警和主动干预；视频监控数字化，通过将园区全网视频和网络资源数字化，实现视频高效分析，量身定制视频监管应用场景；视频监控网络化，通过多节联网配置，实现园区各部门、各主体按需按权限实时查看，提高信息传播速度[4]。

园区视频监控系统由前端子系统、传输子系统、管理子系统、存储子系统和监控中心组成。

（1）视频前端子系统包括各类数字摄像机，实现视频码流采集和编码，提供给视频管理系统处理。

（2）网络传输子系统主要为各类交换机等网络设备以及传输线路，负责将前端采集到的视频信息传输到视频管理平台，包括光纤网络、Wi-Fi、3G/4G/5G 等[5]，安全等级要求高的区域的视频加密传输。

（3）视频管理平台主要完成视频监控管理、报警管理、存储管理、网络设备管理、用户安全、日志管理等功能，是视频监控系统的核心管理平台，管理平台应具有良好的集成性、便利性和扩展性，支持各类视频信息接入，支持多种视频解码，支持与园区业务平台对接。

（4）存储子系统为视频录像存储和数据库存储管理。数据库管理主要针对视频监控的业务数据，如用户信息、认证信息、运行信息等，数据库数据一般采用冗余备份、双主机备份等安全保障措施。视频录像存储有集中式存储、分布式存储或混合存储三种：集中式存储将园区各个视频监控信息集中到园区控制中心存储；分布式存储将园区视频按地块或小区分类本地存储，园区控制中心可按需访问；混合存储同时采用分布式存储和集中式存储的方式，视频录像在本地和控制中心两地存储。

（5）监控中心承担视频监控、突发事件处理、应急调度、监控设备管理等职能，通过电脑或大屏集中展示、集成管理和综合调度。在智慧园区建设实践中，视频监控中心一般同时作为园区资源调度、应急指挥、综合协调、数据分析的园区总控中心[6]。

4.4.2　园区入侵报警系统

随着通信、传感和网络技术的发展，入侵报警系统作为防入侵、防盗窃、防破坏的有力手段被广泛应用。园区可以将分布在园区各楼宇的入侵报警系统通过网络连接，建立集中的入侵报警系统，同时可以实现与视频监控、门禁系统等报警联动。园

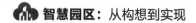

区入侵报警系统功能包括设备管理、视频复核、录像存储、录像回放、录音功能、远程控制、用户管理等功能。

入侵报警系统由前端设备、传输网络和控制中心组成。

（1）报警前端设备由各种探测器组成，可以感知现场的温度、湿度、气温等变化。根据现场环境选择红外对射、报警按钮等方式，通过报警线缆接入监控中心报警主机的报警输入口。在园区周界可以设置主动红外探测器，配合摄像机做好园区安全的第一道防线。

（2）传输网络负责前端报警信号的传输和前端探测器的供电。按实现方式分为总线型和网络型两种方式。总线型方式适合园区周界报警，园区范围大，报警探测布局会比较分散，通过总线型方式可以将前端探测器通过地址扩展模块接入主机端，再通过网络上报园区控制中心。网络型方式适合园区楼宇的报警，楼宇楼层分布不规则，楼宇内探测器的分布比较集中，采用网络型报警主机比较合适。

（3）控制中心负责接收和处理前端发来的报警信息、状态信息，并将处理后的信息分别发往报警接收中心和各相关系统。报警服务器是整个入侵报警系统的控制管理中枢，负责报警的信息采集、转发及报警发生时系统联动的控制。

4.4.3 园区网络系统分类分级管理

（1）园区网络分类

智慧园区涉及园区政务网、园区专网、公共网络等不同类型的网络，分别采取相应的网络安全措施。

园区政务网（用户通常为政府部门）由园区当地政府派驻园区管理服务机构（如园区管委会、工商、税务等）使用，一般是专网专用，通过园区网站（一网通办平台）与园区企业和个人信息交互，信息传输过程中互联网与政务网之间架设网闸或网关[7]，确保政务网安全。

园区专网由运营商或园区开发商建设，常见为遍布园区的光纤网络（接入点到小区或到楼宇），园区视频监控、门禁系统等园区管理系统，以及园区开发商内部系统，通过园区专网进行信息传输，对保密性要求高的数据加密传输。

公共网络由运营商或园区服务机构建设，包括有线网络、2G/3G/4G/5G 移动网络、Wi-Fi 网络等，为园区企业和个人提供网络接入服务。公共网络与政务网、园区专网相对分离，互联互通需经过防火墙或接入设备。根据网络安全监管要求，公共服务网络需进行实名认证，认证方式有短信认证、身份认证等，智慧园区建设时，要综合考虑网络实名认证要求和投入。

（2）园区系统分级

根据国家法律法规要求，对信息系统和网络实施分级管理，信息系统的安全保护等级应当根据信息系统在国家安全、经济建设、社会生活中的重要程度，信息系统遭到破坏后对国家安全、社会秩序、公共利益以及公民、法人和其他组织的合法权益的危害程度等因素确定[8]。分为以下五级，一至五级等级逐级增高：第一级，信息系统受到破坏后，会对公民、法人和其他组织的合法权益造成损害，但不损害国家安全、社会秩序和公共利益；第二级，信息系统受到破坏后，会对公民、法人和其他组织的合法权益产生严重损害，或者对社会秩序和公共利益造成损害，但不损害国家安全；第三级，信息系统受到破坏后，会对社会秩序和公共利益造成严重损害，或者对国家安全造成损害；第四级，信息系统受到破坏后，会对社会秩序和公共利益造成特别严重损害，或者对国家安全造成严重损害；第五级，信息系统受到破坏后，会对国家安全造成特别严重损害。

内部管理类园区网络和系统可以按二级等级保护和管理，涉及公共安全的网络和系统（如视频系统）一般按三级等级保护和管理。园区各信息系统应具备一定的鲁棒性，可以应对一定的网络攻击，具有较好的可靠性和恢复性[9]。

4.5　智慧园区基础资源案例

上海外高桥自贸区智慧园区基础资源建设方式：通过自建和购买服务相结合的方式，在园区布设上百个光纤接入点，并在园区总控中心汇集，园区各小区可通过光纤接入点接入园区专用网络，结合 3G、4G、5G 等移动基站，以及安装在各类设备上的

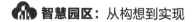

物联网卡，实现园区光纤全覆盖、通信全覆盖、设备全感知[1]。

4.5.1 园区网络资源

外高桥自贸区建设了园区政务网、园区专网、虚拟局域网、园区互联网、园区移动网等多种类型的网络资源，如表 4-3 所示。

表 4-3　园区网络类型及服务对象

网 络 类 型	服 务 对 象
园区政务网	园区管委会、工商、税务等政府机关
园区专网	视频监控系统、园区门禁、园区停车等系统
虚拟局域网	园区开发公司本部、分支机构、管理处及一线员工
园区互联网	运营商网络（服务客户）、Wi-Fi 热点（服务个人）
园区移动网络	物联网（园区设备联网）、3G/4G/5G 基站（手机服务）

（1）园区政务网：园区管委会、工商、税务、公安、海关等政府机关办公使用，通过一网通办平台（如图 4-4 所示，）为园区企业和个人提供政策解读、网上办事、信息查询等服务，园区一网统管平台主要为城市 / 园区城运中心服务，由管委会、公安、城管等部门使用，集中展示园区运行和安全态势。

图 4-4　外高桥自贸区一网通办平台

（2）园区专网：通过租赁方式建设了覆盖园区的光纤网络组成园区骨干网络，园区十余平方公里范围内设置几百个光纤接入点，组成园区专网，作为视频监控、小区门禁、停车管理等信息交互通道。

（3）虚拟局域网：园区开发公司具体负责园的开发建设、招商引资和配套服务，外高桥自贸区园区开发公司建立了覆盖全部办公区域和员工的虚拟局域网（覆盖园区开发公司本部、分支机构、管理处及一线员工），用以实现网络互联互通和信息系统访问，信息化为园区管理和客户服务提供技术手段，为园区运营监管提供网络基础[10]。

（4）园区互联网：电信、移动、联通等各电信供应商已实现光纤到楼（甚至到户），为园区企业提供高速可靠的互联网服务，同时，外高桥自贸区在商办集中区部署 Wi-Fi 热点，免费为园区企业和个人提供网络接入服务。

（5）园区移动网络：外高桥自贸区通过多供应商的物联网卡布设，实现园区电梯、消防、水电表等各类设备设施的按需联网。同时，已实现遍布园区的 3G/4G/5G 网络覆盖，移动基站为园区企业、个人提供网络接入服务。

4.5.2 园区安全资源

外高桥自贸区已实现园区全部视频探头的数字化改造和联网，视频与消防、停车等专业系统联动，提高园区安全态势实时感知水平。对各信息系统按网络安全和风险等级实施分类分级管理，并建立了智慧园区总控中心，实现全天候值守[4]。

（1）视频监控：将模拟信号的监控探头进行数字化改造，在原有本地视频存储基础上，将分散在各园区、各楼宇的视频监控探头通过园区专网连接，接入园区总控中心，建立园区智慧视频系统，设置多维度视频探头标签（如主要出入口、电梯间、重要场所等）和多样化视频监控应用场景（如消防通道阻塞、违章停车、助动车违章进电梯、保安打瞌睡等），整合覆盖园区的几千个视频探头实现视频自动轮巡、自动预警和主动干预。

（2）网络信息安全：园区专网和 VPN 设备实现园区政府机构、开发公司、服务机构、主要园区企业等信息系统互联互通。园区业务管理、对外服务、决策支持等内部信息系统按网络安全二级等保管理，智慧园区专业系统集成平台（视频监控）按网

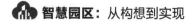

络安全三级等保管理。

（3）园区总控中心：外高桥自贸区建设了智慧园区总控中心，已实现 7×24 小时值守，是智慧园区智慧调度中心。如图 4-5 所示，总控中心职能包括：园区集中监管（以软件对接的方式，对各个专业系统设备的信息和数据进行集中采集，实时感知园区各方面的运营动态）、统一调度（对发生的各类预警报警事件，形成统一规范的人工干预与调度处理流程）、集成展示（通过 GIS 地图全景呈现房产盘及各个系统设备总体分布情况）和大数据分析（通过各专业设备系统数据的整合、汇聚、提取，可实现对园区运营数据的统计分析及决策利用）。

图 4-5　智慧园区总控中心职能

4.6　总结与展望

本章论述了智慧园区的基础资源，包括网络资源、数据中心、云服务、安全资源等。（1）基础网络资源，探讨智慧园区网络设计原则、网络资源统筹和网络架构设计。（2）园区数据中心（计算机机房），考虑到园区数据中心是园区各类系统、网络和数据的物理承载空间，根据风险等级和影响程度，按照数据中心设计规范 A 类或 B 类设计建设。（3）云服务，包括 SaaS、PaaS、IaaS 三种模式，按服务对象和实现方式分为云主机、云存储和桌面云等。（4）园区安全资源，通过园区视频监控系统和园区入侵报警系统提高园区安全等级，对园区网络分类分级管理提升园区网络安全。最后介绍了上海外高桥自贸区园区基础资源案例。

园区基础资源是智慧园区建设、运营和应用的基础，是智慧园区建设的基础性工程。

参 考 文 献

[1] 周明升，张雯．一种面向多源数据的智慧园区管理平台 [J].计算机与现代化，2023，333（5）：68-74.

[2] 国家标准．数据中心设计规范 [Z]. 2018.

[3] 王文利．智慧园区实践 [M].北京：人民邮电出版社，2018.

[4] 张雯，周子航，周明升．基于物联网和人工智能的园区安全运营管理平台 [J].计算机时代，2023（2）：132-136.

[5] 韩存地，刘安强，张碧川．基于物联网平台的智慧园区设计与应用 [J].微电子学，2021，51（1）：146-150.

[6] 周明升．新一代信息技术在上海自贸区疫情防控中的应用研究 [J].现代信息科技，2022，6（22）：1-5.

[7] 周子航，周明升．一种异构数据的存量资产监管系统 [P].上海市：CN114268464A，2022-04-01.

[8] 全国人大．中华人民共和国网络安全法，http://www.npc.gov.cn/.

[9] 周明升，韩冬梅．基于 Rossle 混沌平均互信息特征挖掘的网络攻击检测算法 [J].微型机与应用，2016，35（14）：1-4.

[10] 张雯，周明升．基于数据中台的园区经营监管平台的设计与实现 [J].网络安全与数据治理，2023，42（4）：78-84.

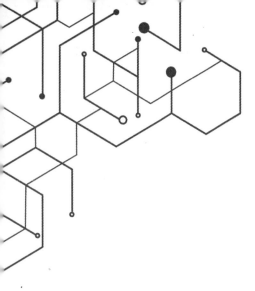

第 5 章　智慧园区建设——开发建设平台

开发建设是园区的核心业务之一，智慧园区建设可有效提升园区开发建设的数字化水平，推动园区开发建设提质增效。本章将从园区开发建设概述出发，设计园区开发建设平台架构、网络架构、功能模块、业务流程、计划管控等并功能实现。

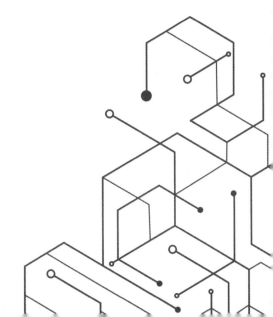

5.1　园区开发建设概述

园区开发建设包括园区总体规划、工程项目建设、园区日常运维和管理等内容。园区总体规划根据园区功能定位、产业特点、发展战略等确定，是中长期战略规划。一般由园区管委会等政府部门牵头，园区开发主体、园区企业代表、园区居民等充分参与制定园区总体规划，向国家有关部委、当地政府报批同意后执行。园区总体规划是智慧园区规划的依据，也是园区开发建设的基础。根据园区总体规划，进行园区开发建设和后续运维管理，是园区开发建设的主要内容，也是智慧园区建设的重要组成部分。为此，本章将在作者已发表论文《一种基于轻量化 BIM 的工程全过程管理系统的设计与实现》[1]基础上扩展，提出和论述园区开发建设管理平台。

园区开发建设项目涉及计划、进度、成本、质量、风险、安全等多要素，涉及项目立项、实施、验收、保修等多环节，涉及投资单位、承建单位、专业分包单位、监理单位、行业监管部门等多主体。麦强等（2019）学者研究了重大工程管理决策中决策关联性、认知模糊性和偏差性、知识有限性等复杂性因素对决策过程的影响，提出用系统化方法降解重大工程项目管理复杂性[2]。李恒等（2010）学者比较了 BIM（Building Information Modeling，建筑信息模型）在建筑项目的应用模式，认为建设单位驱动的 BIM 应用更加适用我国工程项目管理[3]。

将 BIM 虚拟化技术应用到工程管理系统是近几年的研究热点，STOTER 等（2011）以荷兰为例，构建了国土三维空间系统模型[4]，陈永高等（2016）构建了基于 BIM 和物联网的工程风险预警和管理系统架构[5]，程雨婷等（2016）按进度管理模式、进度信息管控、进度管理过程，构建了基于 BIM 的工程项目进度管理系统[6]。张毅等（2019）、任万鹏等（2020）分别将 BIM 应用于铁路和公路工程项目管理[7, 8]，赵文滟（2020）研究了 BIM 在亚运场馆设计和建造过程中的应用[9]，刘欣悦（2022）研究了 BIM 技术在建筑工程项目管理中的应用[10]，周子航（2023）构建了基于物联网和 BIM 的工程全过程管理系统架构[11]。

工程建设项目涉及环节多、要素多，数据来源复杂格式多元，工程项目管理系统面对分散的海量异构数据，数据如何准确及时完整采集、处理、存储、加工和呈现是工程建设项目管理系统发挥效果的关键。为解决多源数据汇集管理和 BIM 建模加载（传统 BIM 模型比较复杂，加载慢）问题，周明升和张雯（2023）设计了一种面向多源数据、基于轻量化 BIM 的工程建设项目全过程管理系统架构[1]，实现工程建设项目的全过程全流程管控，全要素直观展示和工程项目动态监管，通过数据采集总线和处理总线实现多源数据汇集和处理，通过轻量化引擎和对象标签化实现 BIM 模型快速建模和轻量化加载，对工程项目计划、进度、过程、质量、风险、安全等进行全过程全流程管控。

5.2 平台架构设计

5.2.1 平台总体架构

平台采用 B/S（Browser/Server，浏览器 / 服务器）架构，通过浏览器访问。架构上分为用户层、展示层、业务层、数据层四层，如图 5-1 所示。

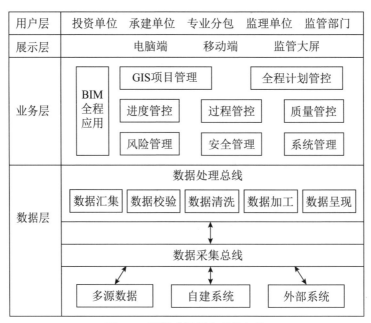

图 5-1　开发建设平台总体架构

用户层：园区开发建设管理平台使用对象包括工程投资建设单位、工程承建单位、专业分包单位、投资监理单位、政府相关监管部门等。展示层：园区开发建设管理平台可以通过浏览器访问、移动设备访问、在监管大屏展现。业务层：园区开发建设管理平台对工程项目管理全过程 BIM 应用、GIS（Geographic Information System，地理信息系统）项目管理、全程计划管控、进度管控、过程管控、质量管控、风险管控、安全管控、系统管理等。数据层：园区开发建设管理平台提供数据采集总线和数据处理总线，分别用于多源数据采集和数据处理。

5.2.2　平台数据总线

（1）数据采集总线

园区开发建设管理平台的数据层通过数据采集总线采集多源数据，实现跨系统数据交互，平台数据采集总线提供数据接口、系统服务、系统接入三类接口，如图 5-2 所示，其中数据接口对接 BIM 数据、GIS 数据、CAD（Computer Aided Design，计算机辅助设计）图档、现场视频、政策法规和其他数据等多源数据，系统服务对接报批系统、财务系统、资金系统、档案系统、知识系统等园区自建自有系统，系统接入对接承建单位系统、专业分包单位系统、监理单位系统、政府报批报建系统等第三方系统。

（2）数据处理总线

园区开发建设管理平台的数据层通过数据处理总线实现平台数据处理，数据处理总线完成平台数据汇集、数据校验、数据清洗、数据加工和数据呈现。园区开发建设管理平台定义了客户、供应商、项目、员工等主数据，如图 5-3 所示。

对主数据对象实例进行标签化，以提高平台加载和综合查询响应速度。以工程项目标签化为例，如图 5-4 所示，增加检索频次、进度标签、投资标签、过程标签、质量标签、风险标签、安全标签等标签，提高检索和加载效率。

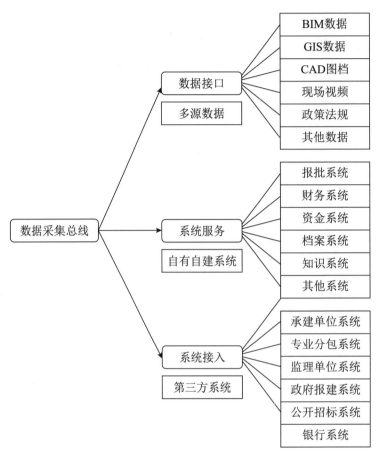

图 5-2　开发建设平台数据采集总线架构

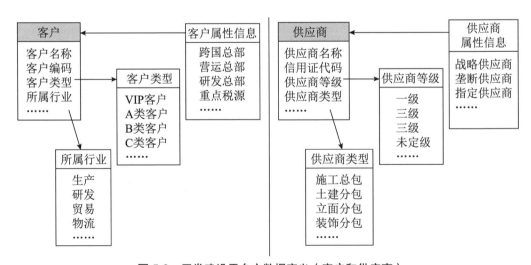

图 5-3　开发建设平台主数据定义（客户和供应商）

60

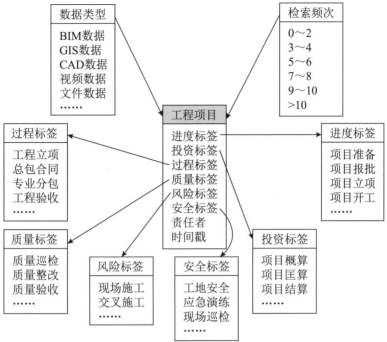

图 5-4　开发建设平台对象实例标签化处理（工程项目）

5.3　网络架构设计

园区开发建设管理平台网络拓扑如图 5-5 所示，所构建平台具备一定的网络防攻击能力[12]，防火墙是系统内外部数据交互通道，工程建设项目现场数据由物联网设备采集，由本地网关接收后通过 4G/5G 加密传输至网络防火墙。系统与第三方系统通过 HTTPS（Hyper Text Transfer Protocol over Secure Socket Layer，安全套接层协议的超文本传输协议）进行加密数据传输。局域网外电脑、移动设备、应用程序等通过 SSL VPN（Secure Socket Layer Virtual Private Network，安全套接层的虚拟专用网络）经防火墙认证后访问系统。防火墙内部为核心交换机，核心交换机内部分为服务器区交换机和办公区域交换机，服务器区交换机分为已有系统服务器群组和平台服务器群组（数据交换在交换机内部实现），办公区域交换机接监管大屏、电脑、移动设备等，通过核心交换机访问系统。

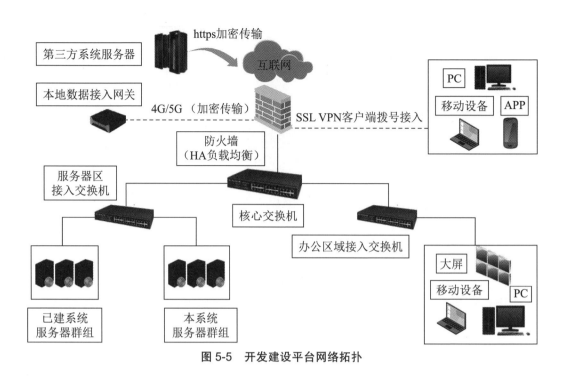

图 5-5　开发建设平台网络拓扑

5.4 平台功能设计

园区开发建设管理平台功能模块如图 5-6 所示，平台将 BIM 模型应用于工程建设项目进度展示、投资管理、安全监测、质量验收等，通过 GIS 进行工程建设项目地理信息、项目资料查看、项目进度信息等管理。园区开发建设管理平台研发了适用于浏览器的项目画布图，用于工程项目计划管控，实现项目进度计划、投资计划、销项计划等项目进度管控，项目立项及进度变化审批通过平台实现。项目进度管控模块对项目进度执行情况进行管理，项目督办和进度管理。项目过程管控模块对项目立项、工程合同、工程付款、工程项目签证等进行管控。项目质量管控模块包括项目质量巡检、质量整改、质量验收等功能。项目风险管控模块包括现场施工风险、交叉施工风险等功能。项目安全管控模块包括工地安全管理、应急预案演练、现场巡查及整改等功能。园区开发建设管理平台的管理模块包括用户信息、角色管理、用户管理、日志管理等功能。

图 5-6 开发建设平台功能模块

5.5 平台流程设计

园区开发建设管理平台包括各开发项目进度管理、过程管理、质量管理、风险管理、安全管理等多方面，涉及工程项目进度管控、工程质量巡检、工程合同及付款申请等流程。接下来以开发建设项目进度管控、工程合同及付款管理为例进行平台流程设计。

5.5.1 开发建设项目进度管控流程

开发建设项目进度管控流程如图 5-7 所示，编制工程项目立项，进行立项审批，

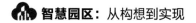

若审批通过则进入项目执行阶段，若未通过则返回立项编制环节进行调整，调整后再次报批。项目执行过程中各环节维护项目进度，园区开发建设管理平台计算各项目进度是否超时，若超时则发出项目督办单，直至工程项目验收通过。

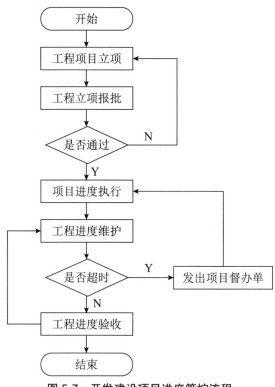

图 5-7　开发建设项目进度管控流程

5.5.2　开发建设项目合同及付款管理流程

开发建设项目合同及付款管理流程如图 5-8 所示，根据工程项目立项，进行工程招标和评标，若中标单位不是已有合格供应商则先进行合格供应商入库，确定供应商后进行合同签订，合同签订后进入合同执行环节，合同执行过程中发生变化，可通过补充协议或工程签证调整，协议或签证审批通过后调整合同金额。根据工程项目进度发起付款申请，若需决算则进行决算，直至工程项目验收。若有质保金，则质保金到期后发起质保金请款。

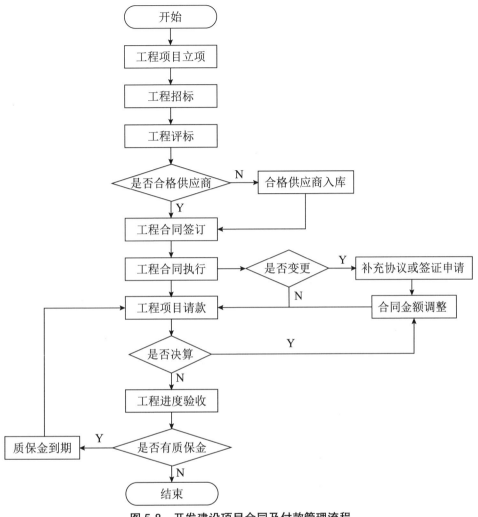

图 5-8　开发建设项目合同及付款管理流程

5.5.3　开发建设项目质量巡检流程

　　开发建设项目质量巡检流程如图 5-9 所示，根据工程项目质量巡检计划，发起工程质量巡检（可通过远程或现场方式巡检），每次检查均填写工程质量巡检报告，若巡检发现问题，可开具工程质量整改单，由责任单位整改，检查人员对整改结果进行验证，若验收没有通过则继续开具工程质量整改单，若验证通过则补充工程质量巡检报告，流程结束。

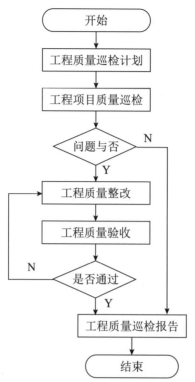

图 5-9 开发建设项目质量巡检流程

5.6 BIM 全程应用

园区开发建设管理平台全过程应用 BIM 模型，通过 BIM 建模工具和轻量化引擎实现模型快速搭建和快速加载，通过 BIM 全程应用，对工程建设项目进度、投资计划、安全监测、工程质量等全过程管控。

5.6.1 BIM 快速建模

平台构建了快速建模、修改和检查工具，如表 5-1 所示，建模工具包括 CAD 建

66

模（快速创建柱、梁、桩、承台、喷淋等模型构件）、支架放置（可手动或自动放置）、墙板开洞、保温层管理、数据管理等快速建模工具，修改工具包括分段、对齐、连接等快速修改工具，通过干涉检查实现模型快速检查。

表 5-1 开发建设平台 BIM 快速建模工具

工 具	功能分类	具 体 功 能
建模工具	CAD 建模	创建柱、创建梁、创建桩、承建承台、创建喷淋
	支架放置	手动放置、自动放置
	墙板开洞	墙开洞、板开洞等
	保温层	保温层添加、保温层显示、保温层隐藏
	数据管理	数据导入、数据导出、批量导出
修改工具	分段	板剪切、柱剪切、梁剪切、自动剪切
	对齐	中心对齐、顶对齐、底对齐
	连接	水管连接、风管连接、风口连接
检查工具	干涉检查	干涉检查

5.6.2 BIM 轻量化引擎

BIM 模型建模和加载通常需要 Revit 等专业软件，服务器资源占用大，加载速度慢，为提高加载和响应速度，平台对 BIM 模型进行轻量化，可通过 Chrome、Edge 等浏览器加载。平台构建的 BIM 模型轻量化引擎包括模型信息提取、模型轻量化、模型文件转化三种功能[13]。如图 5-10 所示，平台通过快速建模工具、快速修改工具和批量检查工具实现模型信息快速提取，通过场景空间划分、对象增量绘制、对象内存池、图元合并减少等，实现 BIM 模型轻量化，通过构建模型流、对象唯一表达、模型数据压缩等模型文件转换实现 BIM 模型快速加载。

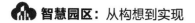
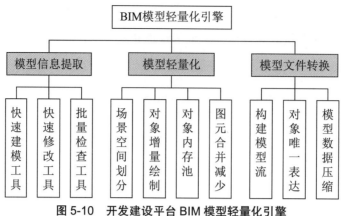

图 5-10　开发建设平台 BIM 模型轻量化引擎

5.6.3　BIM 全过程应用

所构建平台通过物联网采集工程项目现场数据，与 BIM 模型数据进行比对，对工程项目进行管控[11]，如图 5-11 所示。

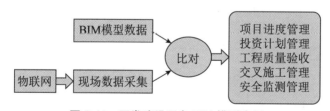

图 5-11　开发建设平台 BIM 模型应用

平台在项目进度、投资计划、安全监测、项目风险、工程质量等工程建设项目全程应用 BIM 模型。（1）工程项目进度管理：平台实时传感数据绑定 BIM 模型，展示工程建设项目实时情况，基于 BIM 技术展示工程进度及施工模拟、工程安全隐患、工程监测信息、质量验收等信息数据。（2）投资计划管理：将工程建设项目工作量和财务支出情况通过 BIM 模型方便平台用户直观地监控项目实际投资与项目进度投资差异，辅助做出建设成本判断。（3）安全检测管理：基于 BIM 模型，集成监测点数据，实现三维可视化数据分析和展示，及时掌握工程安全风险情况。（4）工程质量验收：基于 BIM 模型，现场实际与计划比对，对现场施工进行质量验收。（5）交叉施工管理：用户通过平台 BIM 模型，能够更加清晰、直观地查看工程交叉施工状况，可在平台中记录交叉风险点位置、周边环境、采取措施、地质条件等信息，进行交叉施工风险管理。

5.7　项目全程计划管控

园区开发建设管理平台研发了适用于浏览器的工程项目画布图，实现工程建设项目全程计划管控，通过项目进度画布图对工程项目节点及完成情况进行管理，纵向为各专业线路，横向为时间轴。各节点中，关键节点通过小旗子来强调，通过不同的色块来表示未开始、准时或超时节点，如图 5-12 所示。

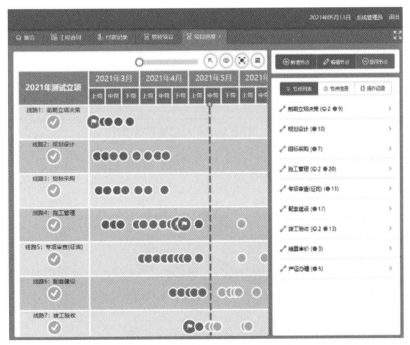

图 5-12　开发建设项目进度管控

通过显示比例、回到左上角、显示 / 隐藏节点名称、显示全部、下载进度图、显示 / 隐藏栏等功能键对画布显示进行调整。进度管理人员可新增、编辑、禁用各项目节点，定义和维护工程项目节点计划。项目管理人员根据实际维护各节点完成情况。

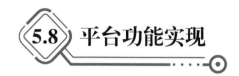

5.8 平台功能实现

园区开发建设管理平台整体采用 B/S 架构，通过浏览器访问，界面上部为平台名称、页面名称、用户信息、平台登录退出等信息，左侧的分类栏可以根据页面功能出现或隐藏（如工程立项中可列示工程类型、园区列表等），右侧分上下两部分，上半部分为检索条件，下半部分展示查询结果列表或详情，如图 5-13 所示。

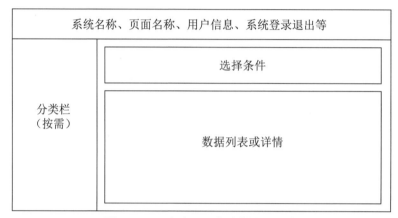

图 5-13　开发建设平台功能界面设计

园区开发建设管理平台各功能模块按需选配，部分功能界面如图 5-14、图 5-15和图 5-16 所示。

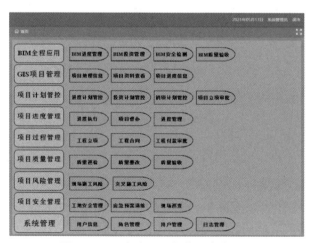

图 5-14　开发建设平台首页功能界面

图 5-15 开发建设项目立项功能界面

图 5-16 工程合同管理界面

　　本章构建了面向多源数据、基于轻量化 BIM 的园区开发建设全过程管理平台架构，实现工程建设项目计划管控、进度管控、过程管控、质量管控、风险管控、安全

71

管控等全过程全流程管控。平台解决了传统 BIM 模型建模复杂、加载慢的问题，通过 BIM 建模和呈现的轻量化技术、对象标签化等方法，使园区开发建设管理平台可以在主流浏览器快速加载。通过数据采集总线和处理总线进行数据管理，解决多源数据汇集和处理问题。通过适用于主流浏览器的工程项目画布图，对工程进度进行动态化管控，使数据更加客观透明和有效。通过园区开发建设管理平台应用，可以提升园区开发工程进度、计划、安全等管控水平，降低总体开发成本，提升园区建设质量。

后续，可在园区开发建设管理平台功能深度和广度上扩展，推进平台数据积累和应用，不断提升工程全过程管理信息化、数字化、智能化水平。（1）与更多供应商的信息系统实现互联互通，实现更多业务系统级交互。（2）与工程项目成果运行维护阶段的信息系统（如房产经营、园区管理、项目运维等）互联互通，建立建设、管理、应用为一体园区建设管理平台，持续推进 BIM 可视化应用，通过机制体制创新使各类数据得以持续更新，更大程度上发挥平台价值。（3）建立健全工程建设项目标准化体系，实现建设单位、承建单位、监理单位等管理程序体系的一体化，形成良好的工程建设项目管理生态体系。

参 考 文 献

[1] 周明升，张雯 . 一种基于轻量化 BIM 的工程全过程管理系统的设计与实现 [J]. 计算机时代，2023（1）：127-131，136.

[2] 麦强，盛昭瀚，安实，等 . 重大工程管理决策复杂性及复杂性降解原理 [J]. 管理科学学报，2019，22（8）：17-32.

[3] 李恒，郭红领，黄霆，等 .BIM 在建设项目中应用模式研究 [J]. 工程管理学报，2010，24（5）：525-529.

[4] Stoter J, Vosselman G, et al. Towards a National 3D Spatial Data Infrastructure: Case of the Netherlands[J]. Photogrammetrie Fernerkundung Gioinformation, 2011, 21(6): 405-420.

[5] 陈永高，单豪良 . 基于 BIM 与物联网的地下工程施工安全风险预警与实时控制研究 [J]. 科技通报，2016，32（7）：94-98.

[6] 程雨婷，滕丽，喻钢，等 . 基于 BIM 的市政工程施工进度管理研究 [J]. 施工技术，2016，45

（S1）：768-771.

[7]　张毅，黄从治，朱聪.基于 BIM 的铁路工程项目管理系统应用研究 [J].铁道工程学报，2019，36（9）：98-103.

[8]　任万鹏，王会芳，朱其涛.公路工程施工信息化管理应用的探索 [J].公路，2020，65（9）：382-387.

[9]　赵文滟.信息技术在亚运场馆建设管理中的研究与探索 [J].计算机时代，2020（9）：125-127.

[10]　刘欣悦.基于 BIM 技术的建筑工程项目管理研究 [J].工业建筑，2022，52（2）：236.

[11]　周子航.一种基于物联网和 BIM 的工程全过程管理系统架构 [J].计算机时代，2023（3）：47-51.

[12]　周明升，韩冬梅.基于 Rossle 混沌平均互信息特征挖掘的网络攻击检测算法 [J].微型机与应用，2016，35（14）：1-4.

[13]　周明升，张雯.一种基于多源数据的工程建设项目管理系统和方法 [P].上海市：CN113240403A，2021-08-10.

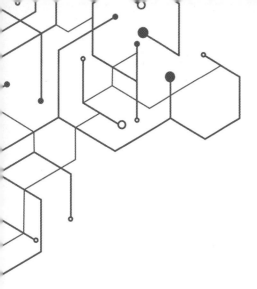

第6章 智慧园区建设——招商服务平台

招商引资和客户服务是推动园区产业集聚和经济发展的重要内容，智慧园区建设可以推动园区招商服务数字化转型，提升园区招商服务能级和水平。本章将从园区招商服务概述出发，提出园区招商服务平台架构，分别设计和实现园区招商管理、园区客户服务、园区物业管理等招商服务平台。

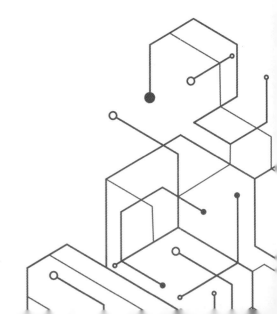

6.1 园区招商服务概述

随着"互联网+"、人工智能、物联网、移动互联网等技术发展，园区产业招商和客户服务模式发生转变，如通过 VR（Virtual Reality，虚拟现实）/AR（Augmented Reality，增强现实）可以实现远程看房、远程洽谈和远程签约，通过移动互联网可以为客户提供多路径多方式的客户诉求响应，通过人工智能可以对园区客户画像、产业链画像，提升园区产业招商和客户服务水平。根据园区产业定位和发展需要，推进园区产业招商和客户服务平台建设，支持园区产业招商，支持园区企业服务，支持园区综合服务，推动园区招商和服务的数字化转型，推动园区产业聚集和产业发展。

园区产业招商和客户服务平台覆盖园区招商、入驻、退出等园区招商和服务全过程和全周期。各园区围绕产业招商和客户服务建立了一系列信息系统，如园区推介平台（园区产业、政策介绍等）、招商管理系统（招商线索到项目落地的全过程管理）、房产租赁管理系统（房产经营、合同签订、租金收缴等管理）、客户服务系统（客户信息采集、客户走访及服务、客户活动管理等）、物业管理系统（园区设备管理、客户服务、水电费收缴等物业业务）、园区招商服务决策系统（帮助园区决策者实时掌握园区产业、园区企业运营情况，辅助园区经营决策）等[1]。

园区推介平台一般通过园区门户网站或微信号等方式呈现，园区招商服务决策系统作为园区智慧大脑平台的一部分，房产租赁管理作为园区运营管理平台的一部分，将在后续章节中进行全面论述，本章接下来先进行园区招商服务平台的架构设计（包括总体架构设计、网络架构设计、数据交换设计、平台界面设计等），然后分三节论述招商管理（远程看房）平台、客户服务平台和物业管理平台。

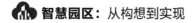

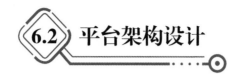

6.2.1 平台总体架构设计

园区产业招商和客户服务各平台，总体架构采用数据层、接口层、业务层、展示层、用户层等五层架构，如表6-1所示。数据层：完成平台数据采集、汇聚、清洗和传输；接口层：为平台提供API（Application Programming Interface，应用程序编程接口）数据交换、系统对接、服务发布等接口，构建业务模型为平台业务层提供支撑；业务层：平台各个功能模块；展示层：提供电脑端、移动端、大屏等多种访问方式；用户层：平台服务的最终用户。

表6-1　招商服务平台总体架构

层　　级	具 体 内 容
数据层	进行数据采集、汇聚、清洗和传输
接口层	提供数据交换、系统对接、服务发布等接口，构建业务模型为平台业务层提供支撑
业务层	各业务功能模块
展示层	提供电脑端、移动端、大屏等多种访问方式
用户层	平台服务的最终用户

6.2.2 平台网络架构设计

园区产业招商和客户服务各平台网络拓扑采用内外结合的方式，内外部访问逻辑如图6-1所示，内部管理通过园区专网或虚拟专网实现泛在连接，外部用户（如客户、供应商等）采用网站、移动应用程序、微信号等方式访问，为确保业务数据安全，内外网间架设防火墙，通过接口实现内外部数据交换[2]。

平台服务器架设在服务器DMZ（Demilitarized Zone，隔离区）区域，分为服务区群组（包括数据库服务器、应用服务器和移动端APP服务器）、中间库服务器、主题库服务器、业务系统服务器，业务系统的实时业务数据经数据同步程序推送至中间库服务器，进行备份、标签、清洗和预加工处理后存储在中间库，中间库服务器经数据清洗程序推送至主题库服务器，按客户、房产、设备等主题建模存储在主题库，主题库服务器通过数据呈现程序按需为对外服务的服务器群组提供数据。平台服务器与外网通过网络防火墙隔离，园区管理方、服务方的员工可以通过局域网访问系统，外部访问可以通过 SSL VPN（Secure Socket Layer Virtual Private Network，安全套接层协议的虚拟专用网）访问和加密传输，并对外部系统或用户开放，可通过 HTTPS（Hypertext Transfer Protocol over Secure Socket Layer，安全套接层协议的超文本传输协议）访问和加密交换数据，经平台网络防火墙由数据采集程序推送至中间库服务器。

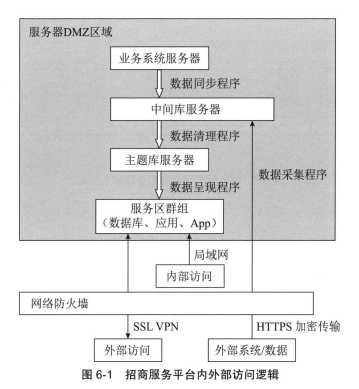

图 6-1　招商服务平台内外部访问逻辑

6.2.3　平台数据交换设计

　　考虑到园区资源分散、客户规模和类型不一、客户需求个性化高，同时园区招商服务平台需要与园区资产管理平台、公共服务平台等系统交互，通过多渠道与外部用

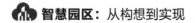

户交互，在已有发明成果《一种智慧园区数据接入网关》[3]基础上，构建一种数据管理网关，实现跨系统数据采集、处理、存储和呈现，如图6-2所示。网关基于规则、主数据和机器学习。

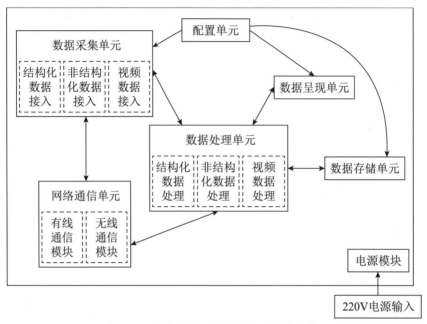

图6-2　招商服务平台数据管理网关结构

（1）数据采集单元。数据管理网关提供结构化数据采集接口、非结构化数据采集接口以及视频数据采集接口模块。①结构化数据采集接口：采集智慧园区各专业系统的台账信息、运行信息、故障信息、维修信息、保养信息、报警信息、巡检信息、检测信息，根据管理需要，数据对接采用专业系统推送（如故障信息、报警信息等）、平台定时抓取（如台账信息、巡检信息等）、呼唤式响应（如运行信息等）。②非结构化数据采集接口：采集语音信息、图片数据、矢量图层等非结构化数据，标注数据来源、分类、内容等信息。③视频数据采集接口：提供本地视频接入和远端视频调用接口。

（2）数据处理单元。数据管理网关分别对结构化数据、视频数据和图层数据进行数据汇集和校验，通过处理流程对数据进行清洗和按主题加工，推送至数据存储单元。

（3）数据存储单元。将数据处理单元清洗加工好的数据进行分类存储，结构化数据和图层数据存储于数据库中，视频数据支持本地存储，也可通过 URL（Uniform Resource Locator, 统一资源定位系统）地址调用远端视频。根据主题分类、重要程度和调用频次分别存储，常用数据存储在缓存中。

（4）数据呈现单元。数据管理网关提供结构化数据呈现、地图图层数据呈现、视频数据链接等数据呈现，可配置在大屏、显示器、移动终端等按需呈现不同内容。

（5）网络通信单元。数据管理网关支持有线通信和无线通信 2 种网络通信方式，有线通过网线、RS485（一种总线拓扑结构）总线接入，无线支持 Wi-Fi、LoRA（Long Range Radio，远距离无线电）、NBIoT（Narrow Band Internet of Things，窄带物联网）、3G/4G/5G 卡等多种接入方式。

（6）配置单元。通过配置模块可访问网关后台配置模块，如设置报警类型，配置不同输出终端的显示尺寸、分辨率等信息，配置数据呈现格式等。

6.2.4　平台界面设计

园区产业招商和客户服务平台采用 B/S（Browser/Server，浏览器 / 服务器模式）架构设计，平台界面采用两种风格：功能页面总体按左右两栏设计，左侧为快速检索区，右侧为列表或详细区，如图 6-3 所示；驾驶舱等统计分析、大屏展示界面总体按左中右三栏设计，如图 6-4 所示。

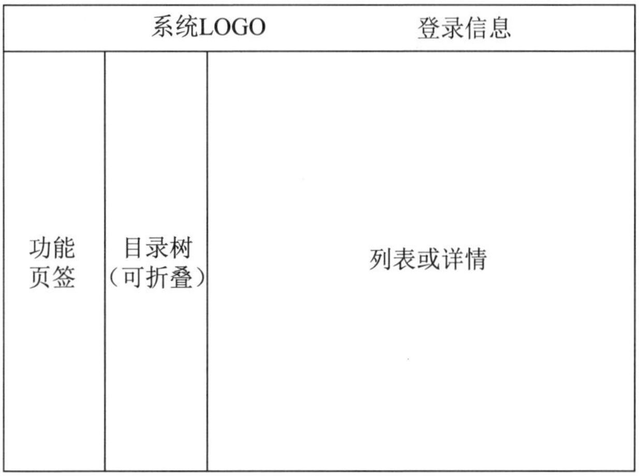

系统LOGO		登录信息
功能页签	目录树（可折叠）	列表或详情

图 6-3　招商服务平台功能页面设计

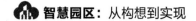

系统LOGO		登录信息	
功能页签（可隐藏）	左侧统计分析区域	中间统计分析区域	右侧统计分析区域

图 6-4　招商服务平台驾驶舱页面设计

6.3 园区招商管理平台

园区招商管理包括商机、线索、洽谈、交付、后续服务等多个环节和过程，不少园区建立了以客户为中心的招商全生命周期管理系统。新一代互联网深刻影响了园区招商模式，接下来，本文以洽谈过程中的看房为例，构建一个面向智慧园区的园区远程看房平台。

6.3.1　平台概述

随着新一代信息技术的普及和发展，传统产业招商中的现场探勘、商务洽谈等过程发生改变。园区潜在客户无须实际到达现场，在多个园区、地址的选择时无须到达现场，只需要园区运营方把"真实"的场景呈现到客户面前，包括园区全貌、园区政策、园区产业、房产全貌、房产配套及周边环境等，实现远程看房和远程选房。

平台功能上要满足：（1）远程看房功能需求。将远程看房相关的功能（包括实时看房、待租房源信息及相关资料图纸展示、待租房源的基础信息管理等）以平台化方式来实现和管理。（2）看房的实时性需求。平台接到看房请求时能够以最快的速度进行用户带看，远程看房能够满足实时性的要求。（3）待租房源管理需求。对待租房源基础信息、门禁开启记录、异常人员出入情况等进行管理。（4）房源展示的无界性。通过远程看房突破地区性限制，扩大营销范围，克服传统房源招租营销展示的地域性限制。

6.3.2　平台设计原则

在平台设计时采用先进物联网技术，提供虚拟三维立体模型，可按需实时查看高清视频图像，便于按需部署，投入成本较低，具有较好的可扩展性，平台设计原则如表 6-2 所示。

表 6-2　招商服务平台设计原则

设 计 原 则	技 术 措 施
先进性	设备体积小，物联网无线连接，稳固性高，适合在无人值守的环境中使用，通过网络可以远程回传数据。
成本低	利用物联网、移动网络无线连接，不需要铺设线缆，节省材料和人工成本，设备连接性好，支持多设备同时接入。
高清晰图像	图像清晰度高，在低带宽情况下可实现高质量视频图像传输。
即用即看	网络摄像机具备所有需要用来建立远程监控体系的构件，安装时只需接通电源即可通过客户端查看远程视频图像。
便于实施	通过使用网络摄像机和物联网器件，简化平台涉及的设备种类和数量以及烦琐的布线，减少调试设备的施工周期。
可扩容性	当系统扩容时，在监控中心，管理人员只需要将增添的装备加入，具有良好的可扩展性。

平台要具备强大的网络接入功能，支持互联网或 4G/5G 移动网络等方式联网，并提供路由穿透功能。采用先进的高清视频编解码算法，能自动适应带宽并配置资

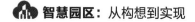

源，互联网带宽资源占用小，移动互联网网络环境即可满足要求。采用创新服务器管理及 P2P（Peer to Peer，点到点）视频流传输方式，用户操作使用简便。提供灵活扩展的服务器转发远程视频查看模式，满足客户多路并发远程视频监控需求，视频传输延迟极低。平台支持多个用户同时访问一个视频监控点，或一个用户同时访问多个视频监控点，各点之间相互独立，互不干扰。平台具备远程联网监控功能，包括远程图像实时监看、远程调看录像资料、远程遥控云台镜头、摄像机参数配置等。平台可对各网点的不同摄像机进行分组管理，支持多重目录树划分，可以根据客户需求增加多级目录树。提供计划录像、手动录像和报警录像三种录像模式，录像帧速可调节，具备异地分布式录像存储功能。平台可分配子账号管控权限，通过多级权限划分机制使不同账号享有不同操作权限，以区分管理层次，加强管理的安全性。报警通知功能，主机端报警后可自动将画面上传到设定好的分控端，可实现自动录像。

6.3.3 平台总体架构

平台分为感知层、网络层、接口层、应用层和展示层等五层，如图 6-5 所示。感知层和网络层完成数据采集和传输（对应平台数据层），应用层对应平台业务层，展示层之上面向园区招商人员、资产管理人员、潜在客户等平台用户。感知层通过物联网、传感器等感知摄像头、门禁、红外感应等信号，通过 4G/5G 路由采集和传输至平台接口层，接口层通过解码和解析，推送至平台应用层，通过电脑、移动端或大屏方式呈现给平台用户。平台应用层包括物联网管理和远程看房功能，前者管理平台前端的设备维护、网络连接、系统日志等，后者功能包括设备接入、设备监控、告警分析、远程授权、远程看房等功能。

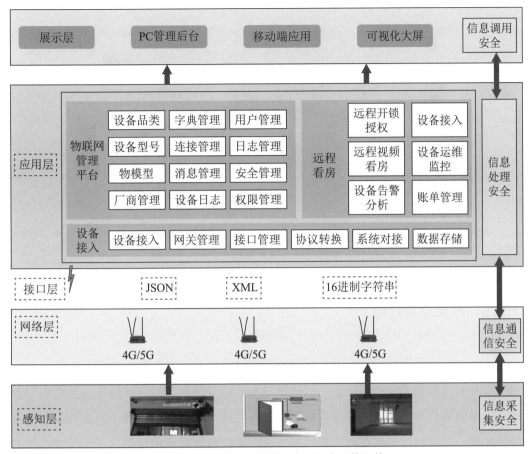

图 6-5　招商管理（远程看房）平台总体架构

6.3.4　平台网络架构

　　园区房产现场设置视频摄像头、红外感应、门禁等终端，通过路由器汇集信息，通过移动网络传输至远程看房平台服务器，管理人员可在系统中维护设备和房源模型，潜在客户可通过电脑、手机等设备远程查看，平台网络逻辑如图 6-6 所示。

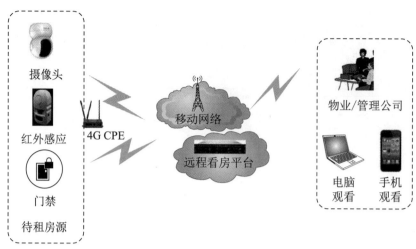

图 6-6　招商管理（远程看房）平台网络逻辑

6.3.5　数据采集处理

园区远程看房平台通过前端和后端分别进行数据采集、传输、处理和呈现。

平台前端为房源现场监控点，包括摄像头、红外感应、门禁、数据采集路由等设备。①摄像头：高清云台数字摄像机；②红外感应：安装在房源内，有人员非正常入侵时报警；③门禁：包括普通门禁（即电磁门吸门禁）和卷帘门门禁（通过感应器来感应卷帘门的振动）。④数据采集路由：汇集摄像头、门禁、红外感应等信号，通过解码编译由物联网卡或 4G/5G 卡传送至平台后端服务器。

（1）视频采集

待租房源中安装无线摄像头，拍摄的视频流由 4G/5G 流量卡通过移动网络回传到后端平台，水平信息采集和传输如图 6-7 所示。

（2）红外感应

红外感应安装在待租房源内，如果有无关人员异常进入被红外扫描到，则发出告警，告警信息通过 4G/5G 卡回传到后端平台，如图 6-8 所示。

（3）门禁

电磁门吸门禁：对于普通的开合门，可以安装电磁门吸的门禁，门禁开关数据通过 4G/5G 卡回传到后台，如图 6-9 所示。

图 6-7　招商管理（远程看房）平台视频信息采集和传输

图 6-8　招商管理（远程看房）平台红外感应信息采集和传输

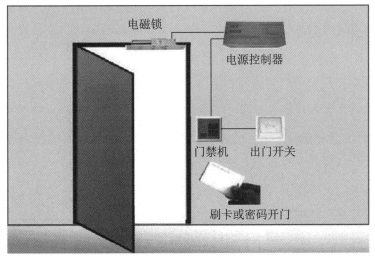

图 6-9　招商管理（远程看房）平台电磁门禁数据采集和传输

卷帘门门禁：没有智能模块的卷帘门的开关可通过感应器的振动识别来实现，感

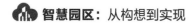

应器安装在卷帘门的电机上，感应电机的振动来判断卷帘门的使用，感应器的数据通过 4G/5G 流量卡回传到后端，如图 6-10 所示。

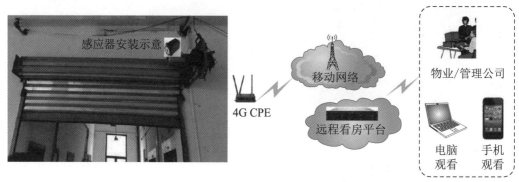

图 6-10　招商管理（远程看房）平台卷帘门门禁数据采集和传输

平台后端实现回传视频播放，房源信息展示，待租房源的信息查看和维护；使用者可以查看待租房源的裸眼三维虚拟现实视频；管理员可以查看门禁的开关情况等。

6.3.6　平台功能实现

平台包括首页、GIS（Geographic Information System，地理信息系统）展示、房产管理、园区管理、场景管理、设备管理、门禁管理、视频采集、红外感应、数据同步、系统管理等功能模块，详见表 6-3。平台首页包括园区、房产、设备等统计分析等功能；GIS 展示模块包括展示园区、房产等位置和属性信息等功能；房产管理模块包括创建、查看和维护房产信息等功能；园区管理包括创建、查看和维护园区、地块信息等功能；场景管理模块包括房产的场景创建和管理等功能；设备管理模块包括设备种类、设备型号等信息管理，设备功能定义、协议解析、消息路由服务等连接管理，以及入网设备管理、设备运行管理、设备变更等运营管理功能；门禁管理模块包括门禁位置管理、门禁权限管理、门禁日志、门禁接入、电磁门吸门禁、卷帘门感应、远程开锁授权等功能；视频采集模块包括物联网设备接入、视频数据监控、视频回看等功能；红外感应模块包括数据接口、数据告警设置等功能；数据同步模块包括房产、设备、场景、映射房源等信息同步功能；系统管理模块包括用户管理、角色管理、权限管理、字段管理、系统日志等功能。

表 6-3　招商管理（远程看房）平台功能模块

模　　块	功　　能
平台首页	园区、房产、设备等统计分析
GIS 展示	展示园区、房产等位置和属性信息
房产管理	创建、查看和维护房产信息
园区管理	创建、查看和维护园区、地块信息
场景管理	房产的场景创建和管理
设备管理	设备种类、设备型号等信息管理
	设备功能定义、协议解析、消息路由服务等连接管理
	入网设备管理、设备运行管理、设备变更等运营管理
门禁管理	门禁位置管理、门禁权限管理、门禁日志、门禁接入
	电磁门吸门禁、卷帘门感应、远程开锁授权
视频采集	物联网设备接入、视频数据监控、视频回看
红外感应	数据接口、数据告警设置等
数据同步	房产、设备、场景、映射房源等信息同步
系统管理	用户管理、角色管理、权限管理、字段管理、系统日志等

6.4　园区客户服务平台

6.4.1　平台概述

　　园区客户一般为企业或法人组织，包括租赁客户和其他客户，租赁客户是租赁园区房产的客户，是园区的直接服务对象，其他客户包括园区自建房产的业主和租户等，合称自有业主客户，它们也是园区服务的对象。园区客户服务平台为给园区各类客户提供全过程全方位的服务，建立以客户为中心的服务模式提供了技术手段。

　　园区客户服务平台实现对租赁客户和自有业主客户的分类分级管理和服务，分别建立"一户一档"，加强客户联系和相关活动管理，推进客户相关信息整合和相关统计报表，功能需求主要有：

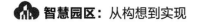

（1）租赁客户"一户一档"：客户基本信息、联系人信息、关联租赁合同、走访及服务记录、活动记录、维修记录、租金收缴情况、交房退房管理、水电费情况、物业管理费情况、客户资料库、客户信息变更信息等。

（2）自有业主客户"一户一档"：自有业主基本信息、联系人信息、楼宇信息、关联合同信息、租户信息、走访及服务记录、客户资料库等。

（3）客户活动管理：客户活动信息发布、报名反馈、活动签到、活动评价、活动后台管理、客户活动相关统计等。

（4）客户信息整合和统计报表：客户集中展示、信息检索、业务统计、信息导出，客户服务、客户走访、客户活动、客户需求、客户动向等统计报表。

（5）客户日常服务：客户报修处理、投诉处理、意见反馈、账单反馈等，客户外部信息采集、客户标签设置等。

（6）领导驾驶舱：对园区客户形成多维度、多粒度、多层级的统计分析，辅助园区客户服务预警和业务决策。

6.4.2　平台总体架构

园区客户服务平台总体架构分为数据层、交换层、业务层、展示层、用户层等五层[2]，如图6-11所示。

平台数据层采集和处理员工信息、客户信息、楼宇信息、合同信息、走访及服务信息、活动信息、流程信息、账单信息等园区客户服务相关数据。平台交换层构建了客户模型（实现客户画像）、活动模型（客户服务发起、发布、报名、组织、评价等流程）、图层模型（为平台大屏展示、移动端APP提供报表和信息展示模型），提供数据交换（实现各业务模块之间的数据交换）、系统对接（与其他系统对接）、服务发布（活动管理、APP发布等功能）。平台业务层提供客户模块、合同模块、楼宇模块、客户走访及服务、客户活动管理、销控情况、移动APP、领导驾驶舱、系统管理等功能模块。平台展示层可以支持电脑端、移动端APP、大屏展示等多终端应用。平台用户包括园区管理方、园区服务方、园区客户、园区供应商等。

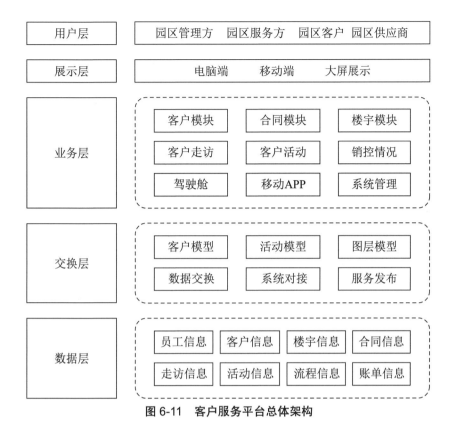

图 6-11　客户服务平台总体架构

6.4.3　平台网络拓扑

平台具备一定的网络防攻击性 [4]，平台网络拓扑结构如图 6-12 所示，内外部数据交换通过负载均衡功能的网络防火墙，各分支机构通过防火墙点对点 VPN（Virtual Private Network，虚拟专用网络）隧道接入，外部电脑、移动设备等通过 SSL VPN（Secure Socket Layer Virtual Private Network，安全套接层协议的虚拟专用网络）拨号接入。第三方系统通过 HTTPS（Hyper Text Transfer Protocol over Secure Socket Layer，安全套接层协议的超文本传输协议）访问防火墙与平台进行加密数据交互，园区本地网关采集数据通过 4G/5G 网络加密传输至防火墙。防火墙内部为核心交换机，核心交换机下设服务器区接入交换机和办公区域接入交换机，服务器均存放在DMZ 服务器专区，包括已建系统服务器群组和本平台服务器群组，园区已建业务系统与本平台在 DMZ 专区进行数据交换。

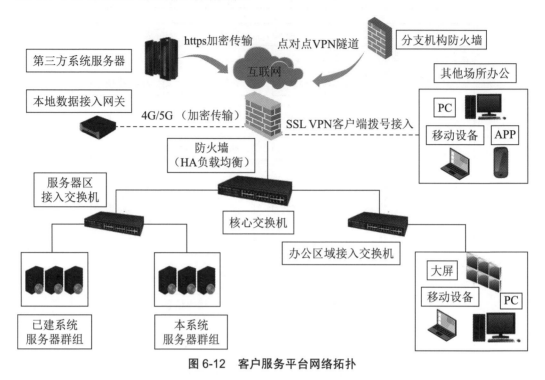

图 6-12　客户服务平台网络拓扑

6.4.4　平台功能模块

　　园区客户服务平台分为驾驶舱、客户、合同、楼宇、销控、客户服务、客户活动等模块，如表 6-4 所示。驾驶舱模块包括客户数量、客户分类、租金排序、租赁面积排序、新增 / 退租客户、房产租售、客户分布、租金收缴情况、客户欠租统计等内容；客户模块包括全部客户、租赁客户、其他业主、其他业主租户等内容；合同模块包括租赁合同、物业合同、能源合同、咨询合同、其他合同等内容；楼宇模块包括房产信息、区域地块、房产分类等内容；房产销控模块列示各类房产实时租售情况；客户服务模块包括客户走访、客户服务、重点客户服务、走访及服务统计等内容；客户活动模块包括活动管理、活动发布、活动报名、活动组织、活动反馈等内容；移动应用模块包括客户信息、房产信息、综合查询等内容；系统管理模块包括用户管理、角色管理、权限管理、参数配置、系统日志等内容。

表 6-4　客户服务平台功能模块

模　块	功　能
驾驶舱	客户数量、客户分类、租金排序、租赁面积排序、新增/退租客户、房产租售、客户分布、租金收缴情况、客户欠租统计等
客户模块	全部客户、租赁客户、其他业主、其他业主租户
合同模块	租赁合同、物业合同、能源合同、咨询合同、其他合同等
楼宇模块	房产信息、区域地块、房产分类等
房产销控	各类房产实时租售情况
客户服务	客户走访、客户服务、重点客户服务、走访及服务统计等
客户活动	活动管理、活动发布、活动报名、活动组织、活动反馈等
移动应用	客户信息、房产信息、综合查询等
系统管理	用户管理、角色管理、权限管理、参数配置、系统日志等

6.4.5　平台界面实现

园区客户服务平台功能页面总体按左右两栏设计，左侧为快速检索区，右侧为列表或详细区。客户服务平台功能界面如图 6-13 所示。

图 6-13　客户服务平台功能界面

园区客户服务平台的驾驶舱等统计分析、大屏展示界面总体按左中右三栏设计，显示更多的统计分析报表，功能界面如图 6-14 所示。

图 6-14 客户服务平台驾驶舱界面

6.5.1 平台概述

园区一般覆盖范围较广，涉及房产维修、市政养护、安全巡检、保洁绿化等物业管理服务，物业管理和物业服务水平的高低直接影响园区企业的获得感和满意度。借助物联网、人工智能等新一代信息技术，园区物业管理方可以快速感知园区设备设施状态、快速识别客户需求、个性化响应客户诉求，为园区客户提供优质和满意的服务。

园区物业管理平台以数据为核心要素，通过数据优化物业管理和服务流程，实现数据赋能。随着互联网、物联网及移动互联网技术的发展，国家陆续出台多项政策鼓励传统企业拥抱互联网，即"传统业务＋互联网"，物业管理行业也不例外，积极探寻"物业管理＋互联网"，打造智慧物业管理平台。信息化、移动化、智能化成为园区物业管理服务的大势所趋。物业信息化平台是实现降本增效、提升品牌的重要抓手，因此，具有现代化和互联网思维的园区物业管理在信息化领域的投入砝码逐步加重。物业管理服务内容由传统基础业务向全周期多领域业务转型。物业管理服务需求也正由传统物业管理转向移动互联网时代的园区服务，建设一个能用、好用的物业管理平台是解决园区管理被割裂、碎片化问题的必由之路[5]。

6.5.2　平台建设必要性

园区物业管理面临诸多困难[5]：（1）成本逐年增加：劳动力成本逐年上升，时常出现一人多岗或缺位等现象，合格的物业人员难以招聘，园区物业公司的盈利能力低下。（2）信息化水平偏低：物业领域信息化水平普遍偏低，信息化系统落后，主要依赖于纸质化表格，工作效率低下，无法进行大数据统计分析。（3）园区物业管理难度较大：园区物业公司管理的面积较大，员工数量较多，依赖传统的管理手段难度越来越大，不利于物业公司的业务扩展和服务水平的提升。（4）物业作业难以监管：园区物业管理透明度不够，管理流程随意程度比较大，服务标准良莠不齐，缺乏监管难以监管。（5）业主对物业要求变高：业主对物业管理服务内容及服务标准要求越来越高，传统的物业管理服务难以满足园区客户多样化和个性化需求。这些难点促使园区物业需要通过信息化建设，将传统物业管理和服务方式转变为更为高效的符合"互联网＋"趋势的智慧物业管理和服务。

技术发展的必然趋势：一方面，新兴信息技术，如移动互联网、物联网、云计算、大数据、无人机等，使得园区内科研设计、工业生产、物流存储等业态的工作方式发生革命性变化。园区应顺应技术发展趋势，园区管理和服务也需完善相应信息化配套建设，而智慧物业是体现园区信息化面貌的重要组成部分。另一方面，伴随着信息化技术的不断革新和发展成熟，各种利用新技术产生的新业务形态、管理手段甚至思维方式都逐步渗透到物业管理的方方面面，改变着物业管理人员的日常工作方式和工作流程。园区物业管理服务水平的提升离不开新兴技术应用。

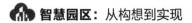

6.5.3　平台设计原则与目标

（1）平台设计原则

园区物业管理平台要以人为本，以用户为导向，以任务为驱动，以效率为目标，利用新一代信息技术革新实现降本增效，推动园区物业管理向着精细化、扁平化和可视化方向发展。

园区物业管理平台要综合满足园区基层物业人员、高层管理人员、园区客户服务诉求的需要。针对基层物业人员，要提升工作效率，操作要简单，步骤尽量少，少用填空题，多用选择题，能拍照的拍照，能录音的录音。针对高层管理人员，要提升管理效率，要实现园区管理情况可实时监督，任务处理情况可实时监控，异常情况可实时提醒。针对园区客户，要实现多入口反馈选择，办事流程化，服务规范化，要有服务满意度反馈机制。

平台设计要本着便利性、先进性、开放性、可靠性、扩展性、安全性等原则，见表6-5。

表 6-5　物业管理平台设计要求

原　　则	具 体 要 求
便利性	园区物业管理平台是面向物业管理人员的一种专业化系统，物业管理平台要操作简单，有良好的操作体验和操作便利性。
先进性	平台应采用先进、成熟、可靠的技术，确保整体系统的先进性，利用面向对象的设计思想，采用构件技术，采用标准技术，采用规范接口和协议，保证各组成部分协同一致。
开放性	平台设计应遵循松耦合、模块化、可重用、可配置的原则，采用多层结构，构件式模块设计，实现业务模块插件化。
可靠性	为保证平台的稳定性和高可靠性，采用系统故障检查、告警和处理机制，保证数据不因意外情况丢失或损坏。
扩展性	物业管理日常工作繁杂，涉及设备设施管理、安保管理、保洁管理、绿化管理、客户服务等方方面面，系统设计时需要考虑未来业务上的可扩展性，可方便地增加业务模块。
安全性	安全性体现在两个方面：一个是物业管理的作业数据存储的安全性，此类数据构成了整个物业管理过程，是发生事故进行调查时的重要依据，需要保证其存储安全性；另一个是网络安全性，可利用防火墙、入侵检测等安全设备抵御网络非法入侵，确保客户信息、资产信息等重要数据的安全性和保密性。
易维护	系统的易维护性体现在软硬件两个方面。硬件易维护性主要指安装、升级简单方便，后备配件充足；软件易维护性主要指体系结构清楚，易理解，管理界面友好，易操作。

（2）平台建设目标

园区物业管理平台按照"一套系统、集中管控、分权运作"的总体建设思路，构建一个基于互联网、业务一体化、覆盖物业公司总部和各项目管理区的统一物业业务管理平台。通过建立园区物业管理服务统一平台，建立起全方位的品质管理平台，加强现场管控，提高运营品质和客户满意度，降本增效。

平台具体建设目标包括：①实现多业态的集中管控模式，避免数据孤岛，管理层能实时掌握企业的经营数据，帮助公司领导在决策时提供准确的、全面的数据支持。②通过集中式授权管理，实现各业务岗位的责权清晰，同时通过标准化业务流管理手段，推进物业管理服务的规范化和标准化建设。③通过汇集各口径的业务数据，推进物业管理服务企业的精细化管理，精确核算每个业务的成本，让园区物业管理成本回归到合理水平。④开发应急响应中心平台，提升客户服务体验，提高品牌影响力提供个性化的增值服务，产生新的服务收益增长点，实现物业管理的模式创新。⑤开发移动应用程序，强化信息沟通及时和反应快速，实现实时高效管控。

6.5.4　平台网络结构设计

园区物业管理平台内部可以借助园区专网，与外界系统通过接口形式通信，确保平台和数据的安全性[5]。

园区物业管理平台网络架构采用企业局域网架构模式，如图 6-15 所示，物业管理平台服务器通过局域网交换机连接，内外数据交互通过防火墙进行通信连接。园区物业管理平台包含应用服务器、数据库服务器、文件服务器和接口服务器，应用服务器主要用于部署园区物业管理平台软件，数据库服务器采用双机热备份模式，确保数据库的可用性，文件服务器主要用于保存照片、语音、视频、知识文件、管理制度文件等，接口服务器主要用于连接第三方服务平台。园区物业管理平台与现有综合业务平台通过接口连接，实现数据同步，还可通过接口服务器实现与微信公众平台、短信网关、通知服务器间的连接。

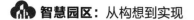

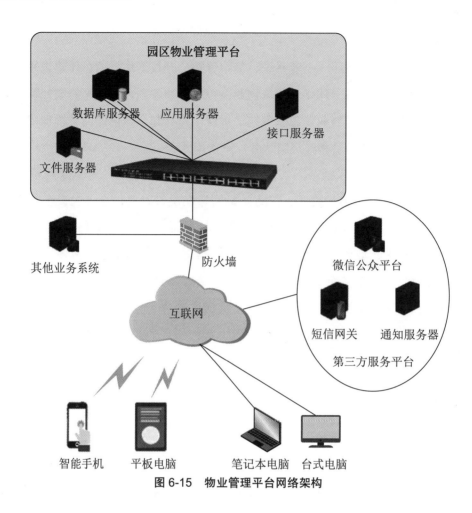

图6-15　物业管理平台网络架构

6.5.5　平台总体架构

物业管理平台分为数据层、接口层、业务层、展示层和用户层等五层，如图6-16所示。

平台数据层采集和管理员工信息、房产信息、设备信息、客户信息、维修信息、维保信息、巡检信息、工单信息、抄表数据、流程信息、合同信息、账单信息等园区物业管理各类信息。平台接口层包括识别和接口两部分，对园区物业管理中的二维码、GPS（Global Positioning System，全球定位系统）定位、NFC（Near Field Communication，近场通信）卡、拍照、GIS地理信息系统信息等进行识别和处理，同时提供数据接口（用于各业务系统数据交换）、服务接口（用于平台服务发布）、系统接口（用于与现有系统对接）、通信接口（连接短信网关等通信服务）。平台业务层覆盖园区物业各业务功能模块。平台支持电脑端访问、移动端应用程序访问、大屏展示等终端访问。平台用户层可以为园区物业管理相关的园区管理方、园区物业管理层、物业主管、一线工作人员服务。

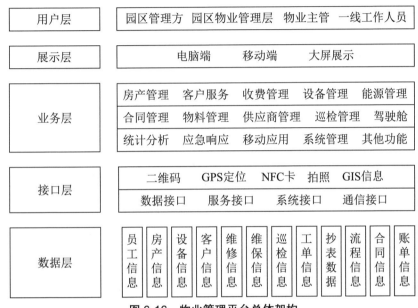

图 6-16 物业管理平台总体架构

6.5.6 平台功能模块

园区物业管理平台功能包括房产管理、客户服务、收费管理、工程设备管理、能源管理、合同管理、物料管理、供应商管理、巡检管理、统计分析、辅助功能、系统管理等。

➤ **房产管理**

园区各区域、地块、小区等信息维护，园区房产、楼层、部位等基础信息、建筑参数、经营状态等信息维护。

➤ **客户服务**

（1）客户基础档案——园区各类客户信息创建和维护（客户基本信息、联系人、

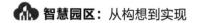

合同信息、过程文件等）。

（2）客户物业管理服务合同——与客户签订的物业合同信息，包括客户名称、租售部位、签约面积、合同起止时间、物业费用等。

（3）特约或延伸服务合同——与相关客户签订的特约或单项委托管理合同（如安保服务、保洁服务、临时租赁、其他延伸服务等）的信息，包括收费项目、收费标准、合同起止时间等。

（4）客户入住管理——客户手册发放、入住手续办理、入住照片等相关信息。

（5）客户二次装修——客户二次装修手续办理、装修协议签署、动火手续办理、二次装修施工全过程巡检记录、押金管理费收取等。

（6）客户退租管理——客户退租手续办理、退租全过程监控巡检记录、退租验收记录等。

（7）客户综合服务——各类客户诉求的登记、派单、完成、回访等的处理、走访记录、客户满意度调查等。

> **收费管理**

对园区物业管理服务各类收费事项进行管理，包括项目标准设定、收费参数设定、选用收费标准、收费计算、费用收取登记、收款凭证管理、收费情况总览、预交收费管理、收费月结、收费统计汇总等功能点，实现收费数据输入登记，打印收费通知单、发票开具等功能。

> **设备管理**

（1）验收交接：对新接管物业房产、设备的验收交接手续、记录、清单等实施管控。

（2）设备台账：各类工程设备的详细信息，包括基本属性、技术参数、图片、文档附件、附属设备、设备检测信息等。

（3）工程设备保养：①保养计划：制定按年、月、周和自定义周期的设备保养计划，确定各类工程设备的保养计划；②计划执行：执行维保计划、定制维保，实现对工程设备的维保预警，加强设备现场管理操作；③强制性检验检测：检测类型、检测时间、检测报告等。

（4）工程设备维修：①维修登记：记录故障情况、故障维修类别、原因分析、维修结果等;②维修单位:除内部自主维修外,还可以通过供应商的管理,记录维修单位、维修费用、验收情况等内容;③物料消耗:维修项目可直接与物料模块关联,实现物料消耗与工程设备保养数据同步,监管物料消耗走向,优化资源配置。

(5)工程设备巡检:电站、电梯、消防、水泵房等园区特种设备设施日常巡检。

(6)报修工单管理:报修登记、派单、验收等全程管理。

➢ **能源管理**

(1)水表电表基础管理:登记各类水表电表(一级表、二级表、三级表等)以及对应的客户,各级表之间的总分关系、分摊逻辑等。

(2)抄表管理:实现各级水电表的定期抄表,抄表记录、自动分摊和计算能源费、自动生成计费单据。

(3)能源统计分析:能源用量管理,动态反映各项能耗指标、能耗对比、能耗统计等信息,发现能耗异常及时预警。

(4)消防水表管理:实现各级水电表的定期抄表,抄表记录。

(5)电站契约管理:电站契约协议、临时用电协议及收费收取。

➢ **合同管理**

对园区物业管理单位的各类外包合同进行全过程管理,包括合同立项审批、合同付款、合同事由、招标情况等。

(1)合同签订:通过合同立项的审批结果进行合同签订,合同签订支持分期操作、执行的开始日期、结束日期、签约单位、预算信息、交付产品清单、验收标准等内容。

(2)合同成本管理:合同的每一笔支出可对应成本类别,精细化管理成本的走向。

(3)合同执行情况分析:多种查询表格和图标分析,可以从多个维度实现对合同执行情况分析。

➢ **物料管理**

围绕园区物业管理的物资物料进行综合管理,对常规物料、工器具、固定资产等进行统一的采购审批,对日常物料的领用消耗管理,通过物料的出入库管理精细化分析企业的物料成本走向。

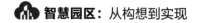

采购管理包括采购计划、采购订单、采购结算、采购费用、价格及供货信息等功能。各业务部门可以根据实际情况提交采购计划，采购计划通过已设定的工作流进行审批，以保证采购计划的合理性。采购计划审批通过后，采购部门就可以根据已审核的采购计划选择供应商下达采购订单。采购计划在审批流程中，各个审批环节都可以在采购计划单上查看到每个物料的当前库存，以及每个物料的历史采购结算价和历史采购入库价。

➢ **供应商管理**

建立合格供应商管理体系，建立合格供应商名录及评估体系。包括供应商基础信息维护、合格供应商评定、合格供应商库、供应商年度评价、供应商统计分析等。

➢ **巡检管理**

巡检管理主要针对安保、清洁、绿化、设备、安全、消防的定期和不定期巡检管理，可自主制定巡检点、巡检标准、巡检任务、巡检路线、巡检计划，工作人员可通过智能手机实现实时巡检，巡检情况及时反馈业务系统，在巡检过程中发现问题，随时可以发起派工处理流程，完成对巡检的闭环操作。

➢ **应急响应**

设置 24 小时值守的应急响应中心，整合处理各类投诉、报修、意见、诉求信息。

➢ **领导驾驶舱**

为园区管理方提供经营分析、收入分析、费用收缴、合同统计、服务统计、资源统计、工单时效等各类统计报表，辅助园区物业管理和服务的业务决策。

➢ **统计分析**

为方便园区物业管理单位各级管理人员实时掌握公司的运营情况，把一些业务报表和管理报表整合到该模块中，帮助园区物业的各级管理人员实时查询，从不同维度进行统计的各种报表，为管理层和各级管理人员提供一个及时掌握业务全貌的信息统计分析功能。

➢ **移动应用**

集合物业各类移动巡检、品质巡检、移动抄表、移动工单等功能，支持主流操作系统的移动设备访问。

➢ **系统管理**

实现用户管理、角色管理、权限分配、密码设定、系统日志等系统管理功能。

➢ **其他功能**

如品质管理、档案管理、知识管理等园区物业管理相关模块。

6.5.7　平台功能实现

平台实现了园区物业管理各功能模块，包括房产管理、客户服务、收费管理、设备管理、能源管理、合同管理、物料管理、供应商管理、巡检管理、领导驾驶舱、统计分析、应急响应、移动应用程序、系统管理、其他功能等。

园区物业管理平台功能页面总体按左右两栏设计，左侧为快速检索区，右侧为列表或详细区，功能界面如图 6-17 所示。

图 6-17　物业管理平台功能界面

园区物业管理平台的驾驶舱等统计分析、大屏展示界面总体按左中右三栏设计，呈现更多的统计分析报表内容，功能界面如图 6-18 所示。

图 6-18　物业管理平台领导驾驶舱界面

6.6　总结与展望

本章从新一代信息技术对园区产业招商和客户服务的影响出发，探讨了推动智慧园区建设构建园区招商服务平台的需要，围绕园区产业招商和客户服务平台的总体架构、网络架构、数据交换、功能界面等提出了设计方案，接着分三个方面论述了园区产业招商和客户服务平台建设。（1）围绕园区产业招商的商机、线索、洽谈、交付、后续服务等全过程构建园区招商服务平台，以远程看房平台为例，设计了平台总体架构、网络架构、数据采集处理、平台功能实现。（2）围绕园区各类客户的全过程全周期服务，提出园区客户服务平台的总体架构、功能模块以及功能实现。（3）围绕园区物业管理和物业服务，提出了园区物业管理平台必要性、平台设计原则、建设目标、总体架构、网络架构、功能模块和功能实现。

在后续章节中，将进一步论述园区招商服务决策支持、园区房产经营租赁等园区招商服务相关内容，构建完整的园区产业招商和客户服务平台，推进园区产业招商的智能化和数字化水平，提升园区客户服务的及时性和个性化水平，提升园区客户满意度和获得感，推动园区产业可持续发展。

参 考 文 献

[1] 张雯，周明升.基于数据中台的园区经营监管平台的设计与实现 [J].网络安全与数据治理，2023，42（4）：78-84.

[2] 周子航，周明升.一种基于多源数据的园区管理综合服务平台 [P].上海市：CN113869914A，2021-12-31.

[3] 周子航，周明升.一种智慧园区数据接入网关 [P].上海市：CN113810272A，2021-12-17.

[4] 周明升，韩冬梅.基于 Rossle 混沌平均互信息特征挖掘的网络攻击检测算法 [J].微型机与应用，2016，35（14）：1-4.

[5] 周明升，张雯.一种面向多源数据的智慧园区管理平台 [J].计算机与现代化，2023（5）：68-74.

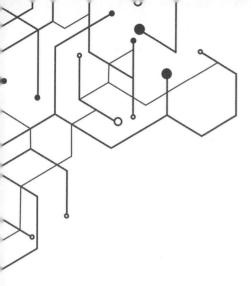

第 7 章　智慧园区建设——运营管理平台

　　园区经营、管理和运维等运营能力是园区综合竞争力的重要表现，智慧园区建设将有效提升园区运营管理水平。本章将从园区运营管理概述出发，设计园区运营管理平台的总体架构、功能模块、主题库、业务流程等并功能实现。

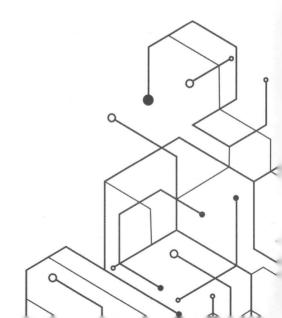

7.1　园区运营管理概述

园区运营管理是根据园区定位、发展规划、资源情况和产业发展需要，由园区管委会等政府部门或园区开发主体进行园区房产、产业、配套等资源运营、管理和维护，包括园区房产管理、园区房产租售、园区招商引资、客户入驻、费用收缴、客户维护、房产及配套资源运行维护等园区经营管理全过程。

园区运营管理是智慧园区建设的重要组成部分，为此，本章在已发表论文《基于数据中台的园区经营监管平台的设计与实现》[1]基础上进行扩展，提出和论述园区运营管理平台。

7.1.1　研究综述

20 世纪 90 年代美国 Gartner 公司提出商业智能概念，之后数据仓库技术得以发展，随着互联网和大数据的发展，数据量越来越大，大数据平台逐步建立。随着大数据、人工智能、数据中台等技术发展，大数据环境下的数据集成、治理和呈现成为研究热点，Chen（2012）[2]、Wu（2015）[3]、Wu（2018）[4]、Carolina（2019）[5]分别研究了大数据环境下的商业智能分析架构、智能分析和数据呈现，吴信东等（2016、2019、2020）[6,7,8]研究了大数据到大知识的转变以及数据治理技术，构建了基于数据中台的中华姓氏华谱系统。陈火全（2015）[9]、王旭东等（2019）[10]研究了大数据时代数据治理安全策略和防护技术。杨琳等（2017）[11]、郑大庆等（2017）[12]、翟云（2018）[13]、明欣等（2018）[14]、杜小勇等（2019）[15]、刘彬芳等（2019）[16]、安小米等（2019）[17]、邢春晓（2021）[18]研究了数据治理概念、治理框架、构建方法和关键技术，指出数据治理的重要性。

国内外学者对数据治理技术进行了大量研究，如周明升等（2011）[19]构建了基于数据仓库的决策支持系统，徐建忠等（2016）[20]对数据智能分类在数据治理中应用进行了研究，赵刚等（2018）[21]提出了面向数据主权的大数据治理方案，戚学

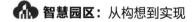

祥（2018）[22]、宋俊典等（2018）[23]、张佳宁（2019）[24] 构建了基于区块链的数据治理架构。特定领域或行业的数据治理和智能分析是近几年的研究热点，邬贺铨（2012）[25] 研究了智慧城市管理中的数据管理和数据治理问题，刘在英等（2014）[26] 提出了设备超载的智能检测方法，苏玉娟（2016）[27] 以太原高新区为例研究了园区数据治理创新问题，胡税根等（2017）[28]、明承瀚等（2020）[29] 研究了政务数据治理，李文俊等（2020）[30] 构建了基于数据中台的设备数据集成平台，孙益等（2020）[31] 构建了基于物联网和数据中台的自然资源观测平台，夏红军等（2021）[32]、施俊君（2021）[33]、杨进（2021）[34] 分别构建了基于数据中台的电力、交通、资产管理平台，周天绮等（2019）[35] 构建了社保大数据分析平台，李新华等（2020）[36] 构建了政务共享数据分析系统，雷鸣等（2021）[37] 研究了大数据平台的负载均衡问题，数据中台是大数据环境下的数据治理、智能分析和分级呈现的有效方法。

在前人研究基础上，张雯和周明升（2023）[1] 提出基于数据中台的园区经营监管平台的架构，整合园区房产、客户、收入、成本、预警等经营、管理和服务信息，设计了一种基于数据中台和地理信息系统的园区经营综合监管平台。平台以园区房产资源为视角，通过数据同步程序获取业务系统数据，用数据采集程序采集外部系统数据，经数据清洗程序到达主题库服务器（平台创建房产、客户等主题库），由数据呈现程序呈现至平台服务器，建立一体化园区经营监控平台。

7.1.2　需求分析

随着物联网、大数据、云计算、人工智能等新一代信息技术的发展，我国园区的信息化和数字化程度取得很大进展，同时园区信息系统存在重业务轻决策、重管理轻服务、重流程轻数据的问题，存在"信息孤岛"问题[1]。在前人园区信息化研究和实践基础上，整合园区现有信息化成果，基于数据中台和 GIS（Geographic Information System，地理信息系统）图层技术，构建园区经营管理服务的综合监管平台，以房产资源为视角，整合房产信息、租售情况、客户信息、租金情况、运维成本等园区经营、管理和服务信息，通过 GIS 图层分级、分层、分类展现，进行业务预警和辅助决策支持。

7.2.1　平台总体架构

园区运营管理平台整体采用 B/S（Browser/Server，服务器 / 浏览器）架构，平台包含用户层、展示层、业务层和数据层四层架构，如图 7-1 所示。

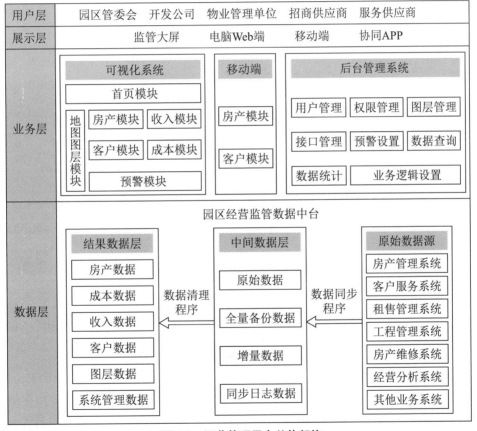

图 7-1　运营管理平台总体架构

用户层：该平台用户包括园区管委会、开发公司、物业管理单位、招商和服务供应商等，按权限开放。展示层：平台可通过监管大屏、电脑 Web（网页）端和移动端访问，可通过协同 APP（Application，应用程序）处理预警和待办事项。业务层：平台包括可视化系统、后台管理系统和移动端三部分，其中可视化系统功能包括首页、地图图层、房产模块、客户模块、收入模块、成本模块、预警模块等功能模块，后台管理模块包括用户管理、权限管理、图层管理、接口管理、预警设置、数据查询、数据统计、业务逻辑设置等功能，移动端部分包括房产和客户两个功能模块。数据层：园区经营监管数据中台组成包括原始数据源、中间数据层和结果数据层，原始数据源来自房产管理、客户服务、租赁管理、工程管理、房产维修、经营分析等业务系统，中间数据层包括原始数据、全量备份数据、增量数据、同步日志数据等，结果数据层按房产、成本、收入、客户、图层、系统管理等主题数据，原始数据源通过数据同步程序同步至中间数据层，中间数据层通过数据清理程序呈现。

7.2.2 平台网络拓扑

运营管理平台网络拓扑如图 7-2 所示。内外部数据交换通过负载均衡功能的网络防火墙，各分支机构通过防火墙点对点 VPN 隧道接入，外部电脑、移动设备等通过

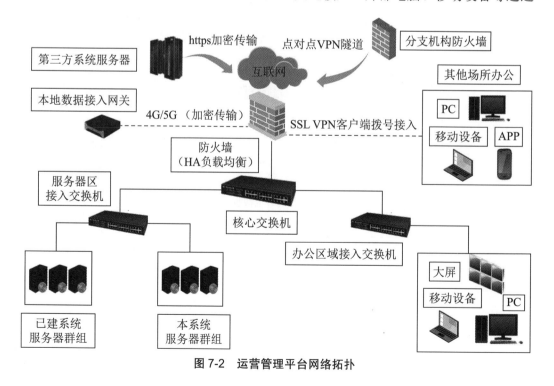

图 7-2　运营管理平台网络拓扑

108

SSL（Secure Socket Layer，安全套接层协议）VPN 拨号接入，第三方系统通过 HTTPS（Hypertext Transfer Protocol over Secure Socket Layer，安全套接层协议的超文本传输协议）访问防火墙与平台进行加密数据交互，园区本地网关采集数据通过 4G/5G 网络加密传输至防火墙。防火墙内部为核心交换机，核心交换机下设服务器区接入交换机和办公区域接入交换机，服务器均存放在 DMZ（De-Militarized Zone，隔离区）服务器专区，包括已建系统服务器群组和本平台服务器群组，已建系统与本平台在 DMZ 专区中进行数据交换。

7.2.3　平台数据交换设计

运营管理平台数据交互逻辑如图 7-3 所示。平台各类服务器均存放在服务器 DMZ 专区，内部访问通过局域网访问。已有业务系统通过数据同步程序到达中间库服务器，生成原始数据、全量备份数据、增量数据、日志数据等中间库数据，局域网外部通过 SSL

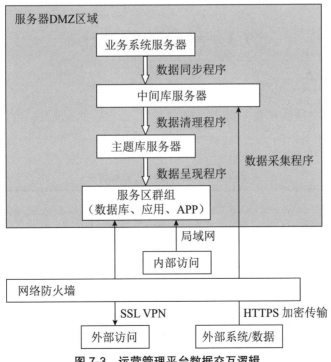

图 7-3　运营管理平台数据交互逻辑

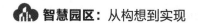

VPN 访问；外部系统数据通过 HTTPS 加密方式传输，经数据采集程序到达中间库服务器，生成中间库数据；中间库服务器数据通过数据清洗程序到达主题库服务器，分类生成房产、客户、成本、收入、地图、预警等主题库数据；主题库服务器数据通过数据呈现程序呈现至本平台数据库服务器、应用服务器和 APP 服务器。

数据同步程序：用于同步各业务系统数据至中间库服务器，存储为原始数据、全量备份数据和增量数据，并保留同步日志。

数据采集程序：用于同步外部系统数据至中间库服务器，包括客户信息、客户资信信息、供应商资信等。

数据清理程序：用于对中间库服务器数据进行清洗和加工，按房产、客户、成本、收入、图层、系统管理等主题分类整理。

数据呈现程序：将主题库服务器加工好的数据根据业务功能需要，呈现至应用服务器、数据库服务器和 APP 服务器。

平台功能模块包括首页、房产、客户、收入、成本、预警、地图图层、后台管理、移动应用程序等，如表 7-1 所示。

表 7-1　运营管理平台功能模块

模　　块	模　块　功　能
平台首页	园区概况：自营房产、其他房产、客户数量、行业分类、客户等级等 园区监管：改造中、能耗变化、空置率、租金超百万楼宇等
房产模块	房产数量、房产面积、可租售面积、已租售面积、空置面积、实时出租率等
客户模块	客户总数、租赁状态、区域总部、税收大户、客户分类等
收入模块	租金目标、租金预测、当年应收、当年实收、累计欠收等
成本模块	房产原值、累计折旧、运维费用、零星维修费用等
预警模块	合同到期、客户欠租、合同超时、批准未盖章、空置预警、楼宇能耗等
地图图层	房产图层、区域地块图层、概况指标图层、监管指标图层等

模 块	模 块 功 能
后台管理	用户管理、权限管理、图层管理、接口管理、预警设置、数据查询、数据统计、业务逻辑设置等
移动应用	房产模块：房产数量、面积、租售面积、实时出租率等 客户模块：客户数量、客户分布、客户分类、欠租预警等

（1）园区经营平台首页包括园区概况和园区监管两类指标。园区概况分为自营房产、其他房产、客户数量、行业分类、客户等级等指标；园区监管分为改造中、能耗变化、空置率、超百万楼宇等指标。

（2）房产模块包括房产数量、房产面积、可租售面积、已租售面积、空置面积、实时出租率等功能。

（3）客户模块包括客户总数、租赁状态、区域总部、税收大户、客户分类等功能。

（4）收入模块包括租金目标、租金预测、当年应收、当年实收、累计欠收等功能。

（5）成本模块包括房产原值、累计折旧、运维费用、零星维修费用等功能。

（6）预警模块包括合同到期、客户欠租、合同超时、批准未盖章、空置预警、楼宇能耗等功能。

（7）地图图层包括房产图层、区域地块图层、概况指标图层、监管指标图层等功能。

（8）后台管理模块提供用户管理、权限管理、图层管理、接口管理、预警设置、数据查询、数据统计、业务逻辑设置等功能。

（9）移动应用程序分为房产模块和客户模块，房产模块包括房产数量、面积、租售面积、实时出租率等功能，客户模块包括客户数量、客户分布、客户分类、欠租预警等功能。

7.4 平台主题库设计

平台构建了房产、客户、成本、收入、地图、预警六种主题库，如图7-4所示。房产主题库分自有自营房产、委托管理房产和其他业主房产，客户主题库分租赁客户、出售客户和转租客户，成本主题库包括折旧成本、运维成本、零星维修成本，收入主题库包含销售收入、租赁收入（又细分为租赁收入目标、租赁合同达成、应收租金、实收租金），地图主题库包含房产图层、区域地块图层（又细分为地块图层、区域图层、园区图层）和指标图层（概览指标图层、监管指标图层），预警主题库包含合同到期预警、客户欠租预警、空置预警、长期流转预警等。

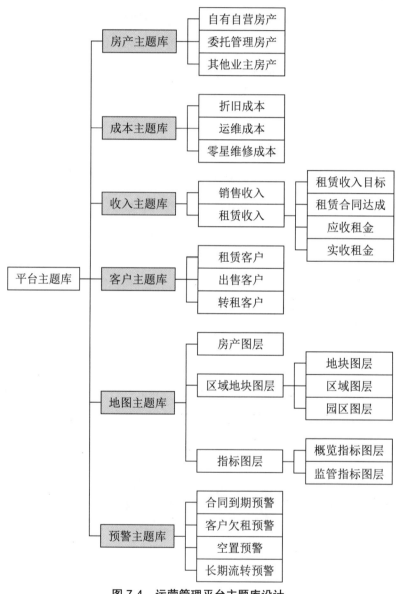

图 7-4　运营管理平台主题库设计

7.5 平台页面设计

平台首页总体上分左中右三栏，中间栏顶部为平台名称，快速查询检索栏，GIS全景地图，可选择指标在全景地图上呈现。左侧最上部为快捷图标（隐藏左右栏、全屏查看、回到首页等），房产模块包括自营房产和其他房产，房产租赁情况展示实时租售情况，客户模块包括客户分类、客户分布等信息；右侧上部为收入模块（租金目标、达成情况等），中间为成本模块（折旧、运营、零星维修等），下面为预警模块（合同到期、客户欠租、合同超时等各类预警提醒等，点击可查看详情）。平台首页界面设计如图 7-5 所示。

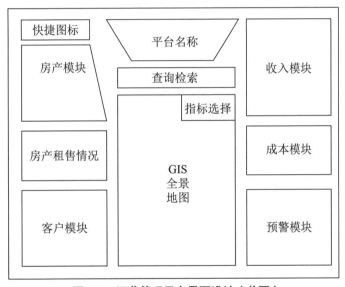

图 7-5 运营管理平台界面设计（首页）

平台房产模块的界面分左中右三栏，左侧展示房产基本信息和实时租售情况（房产面积、可租售、已出租、空置部位、临期部位、合同到期、欠租信息等）；中间栏为 GIS 地图（房产点位）和客户/合同滚动列表，点击可查看详情；右侧为该房产的收入（租金预测、当年应收和实收）、成本（房产折旧、运维成本、零星维修费用）和统计分析（房产投入产出比）。平台房产模块界面设计如图 7-6 所示。

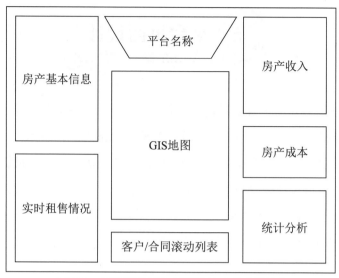

图 7-6　运营管理平台界面设计（房产模块）

7.6.1　客户欠租处置流程

客户欠租处置流程如图 7-7 所示，根据租赁合同约定的租金支付金额和日期，若发生客户欠租，将触发平台欠租预警处置程序，通过平台和手机短信通知相关人员处理，相关人员进行催款处理，若欠租未超过控制时限（如三个月）则继续催款，若超过控制时限则上专题会议研究，如果不起诉则继续催款，如果需要诉讼则进入诉讼程序，欠租处置流程结束（进入司法流程）。平台每天更新租金信息，若客户仍欠租则继续触发欠租预警处置程序，若客户不再欠租则平台欠租消警，欠租处置流程结束。

114

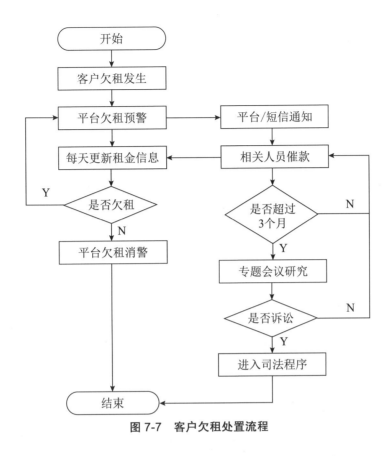

图 7-7　客户欠租处置流程

7.6.2　合同到期处置流程

合同到期处置流程如图 7-8 所示，根据与客户签订的租赁合同，临近合同到期（默认提前三个月，可以后台配置）触发租赁合同到期处置流程，通过平台和手机短信通知相关人员处理，若客户拟退租，则与客户签署退租合同，客户进行退租恢复，退租恢复后合同状态更新为已关闭，到期处置流程结束。若客户不退租，则与客户签署续租合同。平台每天更新租赁合同状态，若到期处置未完成则继续触发平台到期处置流程，若已完成（已续签或已退租），则平台进行合同到期消警，到期处置流程结束。

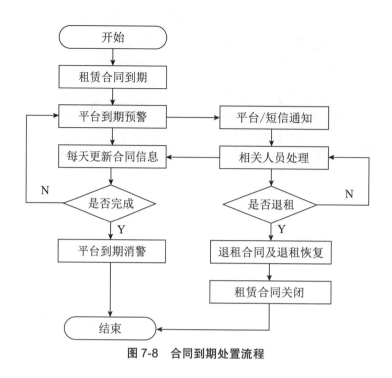

图 7-8　合同到期处置流程

7.7　平台功能实现

根据上述架构设计、功能设计、主题库设计、页面设计和流程设计，平台得以功能实现。

如图 7-6 所示，平台首页分为房产、客户、收入、成本、预警、地图等模块，展示园区房产经营情况、园区客户情况、租赁收入情况、维护成本投入情况、园区经营预警，园区经营的概况指标和监管指标的 GIS 呈现，各模块均可点击穿透按区域、地块等查看。

如图 7-9 所示，房产界面通过 GIS 地图展示房产所在位置，左侧呈现房产基础信息、房产实时租售情况、房产主要空置部位等信息，右侧展示房产收入完成情况、房产投入情况、投入产出分析等内容。

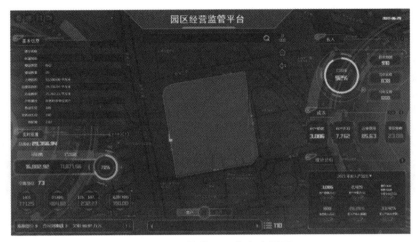

图 7-9　运营管理平台房产界面

如图 7-10 所示，平台客户界面左侧按客户维度呈现客户分级分类情况、客户租赁面积贡献、客户租金贡献等内容，中间区域汇总各类房产租售情况、园区客户行业分布、客户欠租情况等统计分析，右侧呈现客户租金收缴情况、新增客户、客户退租等信息。

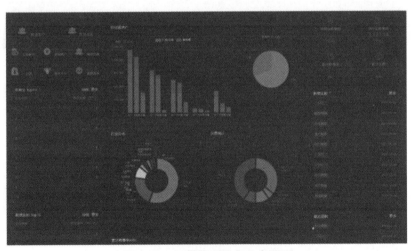

图 7-10　运营管理平台客户界面

平台预警页面对租赁合同到期、客户欠租、合同会签超时、批准未盖章、空置预警、楼宇能耗等园区经营情况进行预警和报警，首页显示主要报警和预警数量，点击各类预警可查看预警明细，如客户欠租预警（图 7-11 所示）和房产空置预警（图 7-12 所示）。

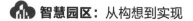

图 7-11　运营管理平台预警列表（客户欠租）

图 7-12　运营管理平台预警列表（空置预警）

7.8　总结与展望

　　基于数据中台和 GIS 图层技术，本章构建了园区房产经营、管理和服务的园区经营管理平台，该平台以房产资源为视角，整合房产信息、租售情况、客户信息、租金情况、运维成本等园区经营、管理和服务信息，通过 GIS 图层分级、分层、分类展现，进行业务预警和辅助决策支持。平台通过数据同步程序获取业务系统数据，通过数据采集程序采集外部系统数据，到达中间库服务器，经数据清洗程序到达主题库服务器，平台定义了房产、客户、收入、成本、地图、预警等主题库，通过数据呈现程

118

序呈现至平台服务器群组。平台业务层包括首页、房产、客户、收入、成本、图层、预警等功能模块，以及移动端和后台管理系统，面向园区管委会、开发公司、物业管理、招商引资、服务供应商等园区用户，提供一体化园区经营综合监管平台。平台在上海自贸试验区得以实现和应用，为园区带来可观的经济和社会效益。平台围绕园区房产的租售和运维，为园区经营决策提供了科学量化的多维度和多层级分析数据；平台对园区客户分布、租金贡献、资源投入等进行了精准画像，可以更加精准直观地为客户提供个性化服务，提高客户满意度；平台按园区、地块、楼宇等分级展示，提供监管概况、监管指标等个性化配置，方便用户按需进行多层级的监管和决策；平台整合了客户欠租、合同到期、合同长期流转、房产空置等各类预警信息，为园区决策者提供直观形象的预警信息，提升管理层的园区经营水平。

后续可以从以下几个方面进行改进和优化。平台全景展示地图为二维地图，后续可以引入三维地图模型，提升平台统一展示和集成管理的直观性和便利化。平台以园区房产资源为视角，集成了房产相关的租赁、客户、收入、运维等园区内部数据，后续可以增加园区配套设备（如电站、电梯等）实时信息，使园区资源更加完整和多层级呈现，也可整合客户用水、用电等经营相关信息，整合客户税收、工商变更等政府信息，使客户画像更加全面精准。

参 考 文 献

[1] 张雯，周明升.基于数据中台的园区经营监管平台的设计与实现[J].网络安全与数据治理，2023，42（4）：78-84.

[2] Chen H., Chiang R., Storey V.Business Intelligence and Analytics: From Big Data to Big Impact. Management Information Systems Quarterly, 2012, 36(4): 1165-1188.

[3] Wu X D, Chen H H, Wu G Q. Knowledge Engineering with Big Data[J].IEEE Intelligent Systems, 2015, 30(5): 46-55.

[4] Wu M H, Wu X D. On big Wisdom. Knowledge and Information Systems[J]. 2018, 58(1): 1-8.

[5] Carolina N, Nils G, Hilary C, et al. Lineage: Visualizing Multivariate Clinical Data in Genealogy

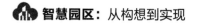

Graphs[J]. IEEE Transactions on Visualization and Computer Graphics, 2019, 25(1): 544-554.

[6] 吴信东, 盛绍静, 蒋婷婷, 等. 从知识图谱到数据中台：华谱系统 [J]. 自动化学报, 2020, 46 （10）：2045-2059.

[7] 吴信东, 何进, 陆汝钤, 等. 从大数据到大知识：HACE+BigKE[J]. 自动化学报, 2016, 42 （7）：965-982.

[8] 吴信东, 董丙冰, 堵新政, 等. 数据治理技术 [J]. 软件学报, 2019, 30 （9）：2830-2856.

[9] 陈火全. 大数据背景下数据治理的网络安全策略 [J]. 宏观经济研究, 2015 （8）：76-84+142.

[10] 王旭东, 叶水勇, 朱兵, 等. 数据治理过程中数据安全防护技术研究及应用 [J]. 国网技术学院学报, 2019, 22 （1）：46-50.

[11] 杨琳, 高洪美, 宋俊典, 等. 大数据环境下的数据治理框架研究及应用 [J]. 计算机应用与软件, 2017, 34 （4）：65-69.

[12] 郑大庆, 黄丽华, 张成洪, 等. 大数据治理的概念及其参考架构 [J]. 研究与发展管理, 2017, 29 （4）：65-72.

[13] 翟云. 中国大数据治理模式创新及其发展路径研究 [J]. 电子政务, 2018 （8）：12-26.

[14] 明欣, 安小米, 宋刚. 智慧城市背景下的数据治理框架研究 [J]. 电子政务, 2018 （8）：27-37.

[15] 杜小勇, 陈跃国, 范举, 等. 数据整理——大数据治理的关键技术 [J]. 大数据, 2019, 5 （3）：13-22.

[16] 刘彬芳, 魏玮, 安小米. 大数据时代政府数据治理的政策分析 [J]. 情报杂志, 2019, 38 （1）：142-147+141.

[17] 安小米, 王丽丽. 大数据治理体系构建方法论框架研究 [J]. 图书情报工作, 2019, 63 （24）：43-51.

[18] 邢春晓. 大力推进数据治理技术与系统的学术研究 [J]. 计算机科学, 2021, 48 （9）：3-4.

[19] 周明升, 张雯. 基于数据仓库技术的决策支持系统 [J]. 计算机光盘软件与应用, 2011 （10）：138-139, 46.

[20] 徐建忠, 张亮, 李娇娇. 数据智能分类技术在数据治理中的应用研究 [J]. 信息安全与通信保密, 2016 （6）：88-90.

[21] 赵刚, 王帅, 王碰. 面向数据主权的大数据治理技术方案探究 [J]. 网络空间安全, 2017, 8 （Z1）：36-42.

[22] 戚学祥. 区块链技术在政府数据治理中的应用：优势、挑战与对策 [J]. 北京理工大学学报（社会科学版）, 2018, 20 （5）：105-111.

[23] 宋俊典, 戴炳荣, 蒋丽雯, 等. 基于区块链的数据治理协同方法 [J]. 计算机应用, 2018, 38 （9）：2500-2506.

[24] 张佳宁, 陈才, 路博. 区块链技术提升智慧城市数据治理 [J]. 中国电信业, 2019 （12）：16-19.

[25] 邬贺铨. 智慧城市的数据管理 [J]. 物联网技术，2012，2（11）：11-14.

[26] 刘在英，周明升. 辅助视觉下升降机平台人数超载智能检测方法 [J]. 微电子学与计算机，2014，31（6）：184-188.

[27] 苏玉娟. 大数据技术与高新技术企业数据治理创新——以太原高新区为例 [J]. 科技进步与对策，2016，33（6）：47-52.

[28] 胡税根，王汇宇，莫锦江. 基于大数据的智慧政府治理创新研究 [J]. 探索，2017（1）：72-78+2.

[29] 明承瀚，徐晓林，王少波. 政务数据中台：城市政务服务生态新动能 [J]. 中国行政管理，2020（12）：33-39+89.

[30] 李文俊，杨学强，杜家兴. 基于数据中台的装备保障数据集成 [J]. 系统工程与电子技术，2020，42（6）：1317-1323.

[31] 孙益，方梦阳，何建宁，等. 基于物联网和数据中台技术的自然资源要素综合观测平台构建 [J]. 资源科学，2020，42（10）：1965-1974.

[32] 夏红军，安燕娜. 数据中台视角下供电企业数据资产管理模型构建 [J]. 情报科学，2021，39（10）：70-75.

[33] 施俊君. 基于智能运维的城市轨道交通轨道专业数据中台 [J]. 城市轨道交通研究，2021，24（S1）：105-107+112.

[34] 杨进. 基于数据中台和 GIS 的可视化固定资产管理模式探析 [J]. 财务与会计，2021（3）：70-72.

[35] 周天绮，朱超挺，石峰. 智慧社保大数据分析平台构建 [J]. 计算机与现代化，2019（6）：92-97.

[36] 李新华，王勇，燕佳静，等. 面向宏观经济分析的多源多维政务共享数据分析系统 [J]. 计算机与现代化，2020（9）：25-31，36.

[37] 雷鸣，姜罕盛，武国良，等. 基于 HBase 的大数据架构下负载平衡技术 [J]. 计算机与现代化，2021（6）：91-95.

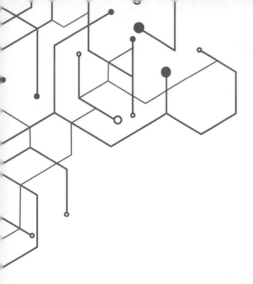

第8章　智慧园区建设——资产管理平台

　　园区房产、设备设施等资产是园区的重要资源，新一代信息技术可以提升园区资产管理的数字化、自动化和智慧化水平。本章将从园区资产管理概述出发，设计园区资产管理平台的总体架构、功能模块、数据接口、业务流程等并功能实现。

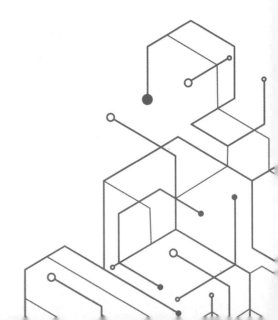

8.1 园区资产管理概述

园区资产管理是根据园区功能定位和产业发展需要，由园区管委会等政府部门或园区开发主体对园区"五通一平"（通水、通电、通路、通气、通信和场地平整）、市政资源、配套设备设施进行运维管理，确保相关资源正常发挥功能，本章中"资产管理"重点是园区的各类设备设施的管理，例如电梯、电站、消防、水泵房、停车场、空调、污水处理站、卸货平台、柴油发电机、空气净化器、光伏发电、视频监控等园区特种设备设施、专业系统的管理，它们是园区运行的基础资源，为园区开发建设、招商服务、运营管理、安全管理等园区管理和服务提供保障。

园区资产管理是智慧园区建设的重要组成部分，为此，本章在已发表论文《一种面向多源数据的智慧园区管理平台》[1]基础上进行扩展，提出和论述园区资产管理平台。

8.1.1 研究综述

智慧城市、智慧园区的概念于 20 世纪 90 年代由 IBM 公司提出，智慧城市是一种立体城市，它整合了数字城市、智能城市和生态城市理念[2]，智慧园区是智慧城市的缩影和表现形式，它是园区发展的高级阶段，是对数字园区、知识园区、生态园区、创新园区理念的整合[3]。通过园区的信息化建设，推进园区经济和管理效率提升，提高园区管理、服务和发展软实力。

智慧园区管理平台应做到安全高效、功能适用、成本合理，系统整体应具备良好开放性、灵活性和可扩展性[4]。物联网、大数据、云计算、人工智能新一代信息技术的发展，为园区发展带来了新机遇，成为研究热点。有学者对智慧园区进行整体研究[5-9]（王广斌等，2013；CIMMINO，2014；臧胜，2017；邹砺锴，2020；潘志刚，2020），有学者提出智慧园区总体架构[10-11]（BAKICI，2013；王莉红，2022），也有学者构建智慧园区管理系统，如园区能源管理系统[12-14]（智勇等，2017；王利霞，

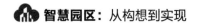

2017；吴笑民等，2022），园区物资管理系统 [15-17]（石荣丽，2016；吴学政，2017；贾音等，2020），园区电梯设备管理系统 [18-20]（徐建国，2011；刘在英等，2014；李娟娟等，2018），园区停车管理系统等 [21-23]（李瑛，2016；肖玮，2020；周明升等，2022）。

通过物联网、云计算、大数据等新一代信息技术应用，实现园区管理服务的自动化、智能化和智慧化，推动园区高质量发展，周明升和张雯（2023）提出一种面向多源数据的智慧园区管理平台架构设计 [1]，构建智慧园区数据管理网关，集成扩展园区设备设施专业管理系统、整合已有园区管理和服务的信息化成果、新建基于物联网的园区实时状态感知系统，解决园区管理中多系统、多架构、多标准的"信息孤岛"和数据交互问题。通过地理信息系统全景地图呈现和业务功能联动，实现园区房产和设备设施集中展示、集成管理和统一调度，为园区运行监控和经营管理提供实时、全面、准确的技术支撑平台。

8.1.2 需求分析

经过传统园区、数字园区、智慧园区等园区迭代升级，我国园区管理水平有很大提升，总体仍然呈现产业集聚、物业分散、客户要求高、智慧化水平不高等特点。受到多种因素制约，园区信息系统存在数据交互不畅、功能重叠重复等问题 [14]。以上海的经济开发园区为例，各园区占地数平方公里或几十平方公里，开发年限已普遍超过20年，建成了大量房产和配套设备设施，累积了众多园区客户 [24]。园区资源呈现分布广、体量大、数字化程度低的特点。经过多年的信息化建设，不少园区建有办公自动化、房产管理、工程管理、客户服务、物业管理等信息系统，但系统数据以人工维护为主，系统数据交互困难，存在信息孤岛，园区管理和客户服务以人工方式为主，难以满足园区资产精细化管理、园区客户精准化服务、园区人员个性化关怀要求。迫切需要建立一套统一的园区智慧管理系统，实现园区管理升级，实现园区运行态势实时感知，应急处置效率大幅提升，客户满意度稳步提升。

随着信息技术专业化分工越来越细，细分领域学者们提出较为完善的解决方案，也有专业领域厂商已将方案落地（如海康威视的视频监控分析等）。面向多数据、多系统、多平台，构建开放、共享、可扩展的智慧园区集成管理平台，通过数据管理网关，集成已有成熟的园区设备设施专业管理系统（符合数据要求），整合园区现有信息化成果，建设未覆盖的园区管理专业系统，解决跨系统数据共享和交互的难题，设计一个面向多源数据的智慧园区管理平台并系统实现，实现园区房产、设备实施等资源状况实时感知，集中呈现、统一调度、集成管理和预警决策。

8.2.1　平台总体架构

智慧园区资产管理平台面向园区多源数据，整体采用 B/S（Browser/Server，服务器 / 浏览器）架构。视频采集和呈现基于 Linux 操作系统采集视频信息，并转化为实时消息传输协议（Real Time Messaging Protocol, RTMP）码流，推送至超文本传输协议实时流媒体（HTTP Live Streaming, HLS）进行平台呈现。

平台包含用户层、展示层、业务层和数据层四层架构，如图 8-1 所示。

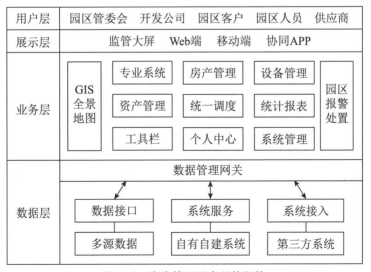

图 8-1　资产管理平台总体架构

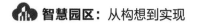

（1）用户层。平台用户包括园区管委会等政府部门、园区开发公司、园区企业客户、园区员工和访客、园区运行供应商（如特种设备维保单位等）。

（2）展示层。平台可以通过大屏展示、浏览器访问、移动设备访问，可以通过APP（Application，应用程序）处理各种待办事项。

（3）业务层。平台包括GIS（Geographic Information System，地理信息系统）全景地图展示、专业系统入口、房产综合管理、设备集成管理、资产设备管理、资源统一调度、统计分析报表、园区报警处置、工具栏选型、个人中心、系统管理等业务功能模块。

（4）数据层。平台提供数据接口（用于对接园区设备设施专业系统数据）、系统服务（整合园区现有业务系统）、系统接入（用于对接监管单位等系统），用于数据采集和交换，通过数据管理网关进行平台数据分类、处理、存储和呈现。

8.2.2　平台网络拓扑

资产管理平台网络拓扑如图8-2所示。网络防火墙作为平台内外网防护和数据交互通道，防火墙具备高可用性（High Availability, HA）负载均衡，专业设备设施服务器通过安全套接层的超文本传输协议（Hyper Text Transfer Protocol over Secure Socket Layer, HTTPS）访问防火墙与平台进行加密数据交互，本地设备设施数据由本地数据网关采集后，通过4G/5G加密传输至防火墙，分支机构通过防火墙虚拟专用网络（VPN）隧道接入，局域网外台式电脑、笔记本电脑、移动终端通过VPN客户端访问平台。防火墙内部为局域网，核心交换机下通过交换机和网关接入各类资源，服务器区交换机接入已有系统服务器群组和本平台服务器群组，办公区域交换机连接员工电脑、移动设备和监管大屏，园区专线网关连接园区各分支节点交换机，分支点交换机连接监控器、视频存储、系统终端等本地设备。

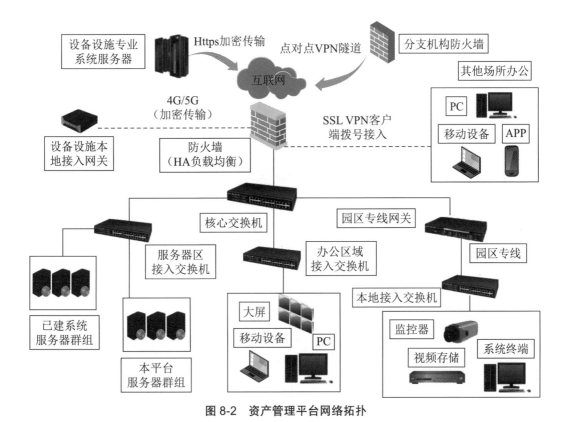

图 8-2 资产管理平台网络拓扑

8.2.3 平台数据交互逻辑

资产管理平台数据交互逻辑如图 8-3 所示。（1）设备设施专业管理系统（已有专业供应商的）由已有专业系统完成设备设施数据采集，通过 SSL（Secure Socket Layer，安全套接层）加密方式与平台数据接口对接，经识别和验证后推送至平台数据管理网关处理。（2）设备设施专业管理系统（自建的）由本地数据采集网关采集设备传感器数据（支持多种接口方式），网关加密后通过 4G/5G 传送到平台数据接口，经识别和验证后推送至平台数据管理网关处理。（3）园区视频数据由视频云盘通过园区专线传输至平台流媒体服务器，经格式转换后推送至平台数据管理网关。（4）已有园区业务系统通过系统服务接口对接和汇集，推送至平台数据管理网关处理。（5）平台通过系统接口访问第三方系统（如监管部门系统、供应商系统等）。

数据管理网关收到的专业设备设施数据、视频数据、业务系统数据等经分类、处

127

理、存储和呈现模块为平台业务层提供数据，按需呈现至平台数据库服务器、应用服务器和 APP 服务器。平台各类业务服务器、数据接口、数据管理网关等均配置在服务器 DMZ（Demilitarized Zone，隔离区）专区，服务器间交互通过局域网完成，设备设施专业系统、视频系统、第三方系统等与平台数据交互需通过防火墙。

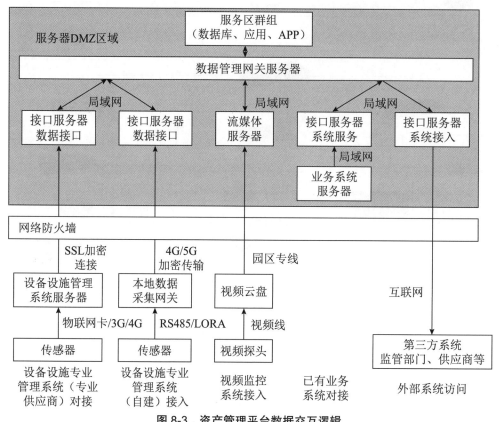

图 8-3　资产管理平台数据交互逻辑

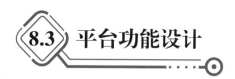

8.3　平台功能设计

平台分为平台首页、专业系统入口、房产综合管理、设备集成管理、资产设备管理、资源统一调度、统计分析报表、个人中心、系统管理、移动 APP 等功能模块，如图 8-4 所示。

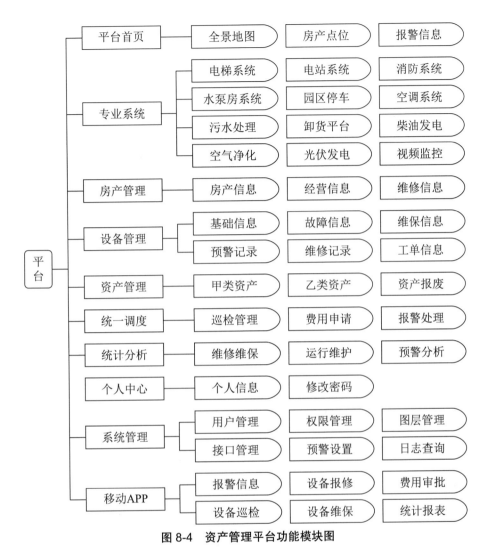

图 8-4　资产管理平台功能模块图

（1）平台首页：包括园区列表、园区运行监控、GIS 地图全景展示、房产点位、报警信息等内容。

（2）专业系统入口：平台可接入电梯、电站、消防、水泵停车、空调、污水处理、柴油发电、空气净化、光伏发电、视频监控等各类园区设备设施管理系统，实现设备台账、运行、故障、维修、保养、报警、巡检、检测等动态数据对接。

（3）房产综合管理：通过 GIS 地图点选房产进入，以园区房产为视角，包括房产基础信息、房产经营情况、房产维修维护情况等，以矢量图显示楼宇实时租赁情况以及该房产上分布的专业设备设施。

（4）设备集成管理：包括专业系统设备基础信息、故障信息、维保信息、预警记录、维修记录、工单信息等。

（5）资产设备管理：包括资产设备列表、甲类资产管理（如电梯、消防等附属类设备）、乙类资产管理（如分体式空调等设备）、资产报废管理等。

（6）资源统一调度：包括设备设施巡检、维修费用申请、设备报警处理等。

（7）统计分析报表：对园区设备设施维修维保情况、运行情况、报警预警等进行统计分析，对园区运行态势进行预警。

（8）个人中心：可查看当前用户信息、修改密码等。

（9）系统管理：包括用户管理、权限管理、系统日志等系统管理，也包括图层管理、接口管理、预警规则设置等配置管理。

（10）移动 APP：通过移动设备接收和处理园区报警信息、进行维修等单据审批、设备巡检、轻量化报表查看等。

8.4 平台接口设计

8.4.1 平台数据接口

平台提供数据接口、系统服务、系统接入等系统数据接口。平台与园区专业设备系统数据交互类型如表 8-1 所示。

表 8-1 资产管理平台与园区专业设备系统的数据交互

专业系统	台账	运行	故障	维修	保养	报警	巡检	检测
电梯系统	√	√	√	√	√	√	√	√
电站系统	√	√	√	√	√	√	√	√
消防系统	√	√	√	√	√	√	√	√
水泵房	√	√	√	√	√	√	√	√
园区停车	√	√	√	√	√	√	√	√

专业系统	台账	运行	故障	维修	保养	报警	巡检	检测
空调系统	√	√	√	√	√	√	√	√
污水处理	√	√	√	√	√	√	√	√
卸货平台	√	√	√	√	√	√	√	√
柴油发电	√	√	√	√	√	√	√	√
空气净化	√	√	√	√	√	√	√	√
光伏发电	√	√	√	√	√	√	√	√
视频监控	√	√	√	√	√	√	√	√

（1）数据接口。平台对接电梯、电站、消防、水泵停车、空调、污水处理、卸货平台、柴油发电、空气净化、光伏发电、视频监控等各类园区设备设施管理系统，实现与设备设施专业系统设备台账、运行、故障、维修、保养、报警、巡检、检测等动态数据交互，根据业务管理需要，分别由专业系统实时推送（如报警和消警信息）、平台抓取（如台账信息、检测信息等）、呼唤式调取（如设备运行信息等）。

（2）系统服务。集成已有业务系统，如审批系统、财务系统、房产系统、工程系统等。

（3）系统接入。对接第三方系统，如政府报建系统、公开招标系统、网上银行系统、园区客户系统、供应商系统等。

8.4.2　平台数据管理网关

在已有发明专利成果《一种智慧园区数据接入网关》[25]基础上，考虑到多系统、多平台、多数据类型的特点，特别是视频、图像等非结构化数据，本文构建一种数据管理网关，实现跨系统数据采集、处理、存储和呈现，如图8-5所示。网关基于规则、主数据和机器学习。

（1）数据采集单元。数据管理网关提供结构化数据采集接口、非结构化数据采集接口以及视频数据采集接口模块。①结构化数据采集接口：采集智慧园区各专业系统的台账信息、运行信息、故障信息、维修信息、保养信息、报警信息、巡检信息、检测信息，根据管理需要，数据对接采用专业系统推送（如故障信息、报警信息等）、平台

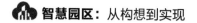

定时抓取（如台账信息、巡检信息等）、呼唤式响应（如运行信息等）。②非结构化数据采集接口：采集语音信息、图片数据、矢量图层等非结构化数据，标注数据来源、分类、内容等信息。③视频数据采集接口：提供本地视频接入和远端视频调用接口。

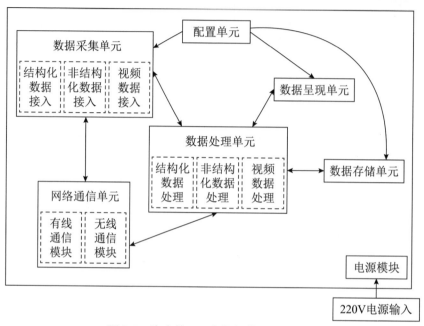

图 8-5　资产管理平台数据管理网关结构

（2）数据处理单元。数据管理网关分别对结构化数据、视频数据和图层数据进行数据汇集和校验，通过处理流程对数据进行清洗和按主题加工，推送至数据存储单元。

（3）数据存储单元。将数据处理单元清洗加工好的数据进行分类存储，结构化数据和图层数据存储于数据库中，视频数据支持本地存储，也可通过 URL 地址调用远端视频。根据主题分类、重要程度和调用频次分别存储，常用数据存储在缓存中。

（4）数据呈现单元。数据管理网关提供结构化数据呈现、地图图层数据呈现、视频数据链接等数据呈现，可配置在大屏、显示器、移动终端等按需呈现不同内容。

（5）网络通信单元。数据管理网关支持有线通信和无线通信 2 种网络通信方式，有线通过网线、RS485 总线接入，无线支持 Wi-Fi、LORA、NBIoT、SIM 卡（3G/4G/5G）等多种接入方式。

（6）配置单元。通过配置模块可访问网关后台配置模块，如设置报警类型，配置不同输出终端的显示尺寸、分辨率等信息，配置数据呈现格式等。

8.5.1　数据库概念设计

平台采用 Oracle 关系型数据库，根据业务逻辑，数据库管理系统按第三范式设计。以房产运营维修功能模块为例，如图 8-6 所示，实体之间的逻辑关系实体—联系图（Entity-Relationship Diagram, ER 图），包含员工、客户、房产、供应商等实体。

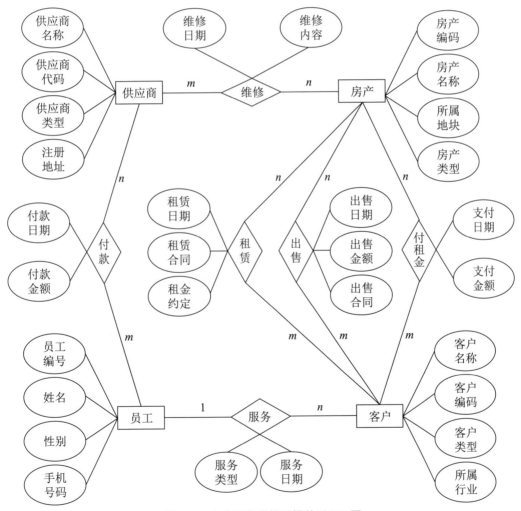

图 8-6　房产运营维修逻辑关系 ER 图

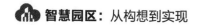

实体之间的联系为：员工服务客户（一对多联系）、客户出售房产（多对多联系）、客户租赁房产（多对多联系）、客户为房产付租金（多对多联系）、供应商维修房产（多对多联系）、员工向供应商付款（多对多联系）。

8.5.2 数据库逻辑设计

主要任务是将 ER 图转化为关系模式，分为实体类型转换和联系类型转换 2 步。

步骤 1 实体类型转换。

将每个实体转换成一个关系模式，实体的属性是关系模式的属性，实体标识符为关系模式的键，如下：

①员工（<u>员工编号</u>，姓名，性别，手机号码）。

②客户（<u>客户编码</u>，客户名称，客户类型，所属行业）。

③房产（<u>房产编码</u>，房产名称，所属地块，房产类型）。

④供应商（<u>供应商代码</u>，供应商名称，供应商类型，注册地址）。

上述下划线标注的属性字段为键。

步骤 2 联系类型转换。

ER 图中存在一对多（1：n）和多对多（m：n）联系。一对多（1：n）联系在 n 端实体类型转换成的关系模式中加入 1 端实体类型的键和联系类型的属性。多对多（m：n）联系将联系类型也转换为关系模式，其属性为两端实体类型的键加上联系类型的属性。键为实体键的组合。

1）员工服务客户为一对多联系，联系类型转换为：客户（<u>客户编码</u>，客户名称，客户类型，所属行业，服务日期，服务类型）。

2）客户出售房产、客户租赁房产、客户为房产付租金、供应商维修房产、员工向供应商付款为多对多联系，联系类型转换为：

①出售（<u>客户编号，房产编码</u>，出售日期，出售金额，出售合同）。

②租赁（<u>客户编码，房产编码</u>，租赁日期，租赁金额，租金约定）。

③付租金（<u>客户编码，房产编码</u>，支付日期，支付金额）。

④维修（<u>供应商代码，房产编码</u>，维修日期，维修内容）。

⑤付款（<u>员工编号，供应商代码</u>，付款日期，付款金额）。

上述下划线标注的属性字段为键。

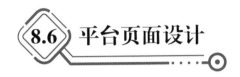

8.6 平台页面设计

平台首页分左右两侧，左侧功能包括园区列表、园区运行监控项，园区列表列示当前园区总体情况，可选择进入某区域或地块，园区运行监控展示园区当前总体运行情况，如总用电负荷、停车场库情况等；右侧包括功能栏选项、GIS 全景地图展示、专业系统选项、报警信息、列表信息等，功能栏选项可快速进入相关功能页面，GIS 全景地图展示在一张地图上展示园区、区域、地块、房产、专业系统等分布情况，点选房产图标可查看房产基础信息、经营情况、维修情况等信息，点选专业系统图标，在右下角展示列表，选择可查看详情和实时运行状况，报警信息集成展示园区房产、专业系统报警信息，分为紧急报警和一般报警，平台监控人员可对报警处置情况进行实时监控，功能界面如图 8-7 所示。

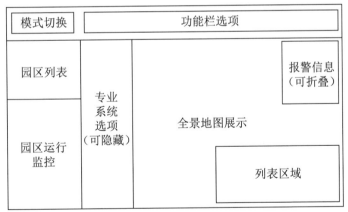

图 8-7　资产管理平台首页设计

平台功能页面顶部为功能栏选项，左侧为功能列表，右侧为内容展示区，右上侧为选择条件，右下侧为数据列表或内容详情，功能界面如图 8-8 所示。

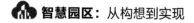

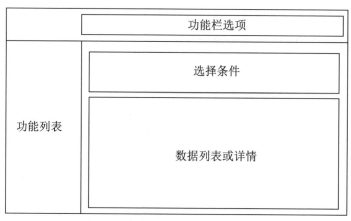

图 8-8 资产管理平台功能界面设计

8.7 平台流程设计

平台涉及的业务流程包括故障处理流程、维修流程、设备保养流程、报警处置流程、设备巡检流程、设备监测流程等多种业务流程。限于篇幅，下面以故障处理与维修为例，阐述其业务流程。

8.7.1 故障处置流程

园区设备故障处置流程如图 8-9 所示，传感器感知到设备发生故障时，推送相关信息至设备设施专业管理系统，专业系统通过 APP 消息或短信方式通知相关人员处理，同时通过与智慧园区管理平台的数据接口将设备报警信息推送至数据管理网关，数据管理网关根据规则判断故障类型（紧急报警或一般报警），在平台首页报警信息模块呈现。相关人员完成故障处置后，通过设备传感器感知，推送至专业系统，专业系统通过与平台的数据接口将消警信息推送至数据管理网关，网关向平台发出消警信息。

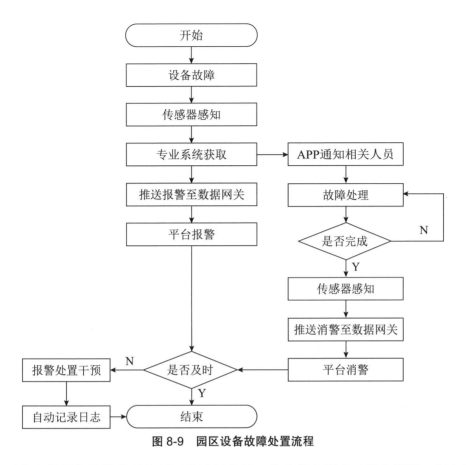

图 8-9　园区设备故障处置流程

平台会根据各报警事项处理要求进行统计，若未能在规定时限内消警，则在日志中记录，并提供平台值守人员进行报警处置干预，督促相关人员完成报警处置，从而形成"报警—处置—监督—消警"的业务管理闭环。

8.7.2　房产设备维修流程

房产设备维修流程如图 8-10 所示，物业管理人员、客户或设备维保供应商根据房产设备运行情况，通过电脑或 APP 发起设备维修申请，填写维修原因、维修房产或设备等维修内容。如需更换料件则调用料件库，在维修申请中补充料件信息，申请填写完成后提交审批。审批通过后，进行维修操作。如果需要更换配件，通过 APP 更换前后拍照，系统将自动加注时间戳保存并比对。维修完成后进行测试，若测试通

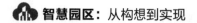

过将通过传感器感知，直至维修完成。

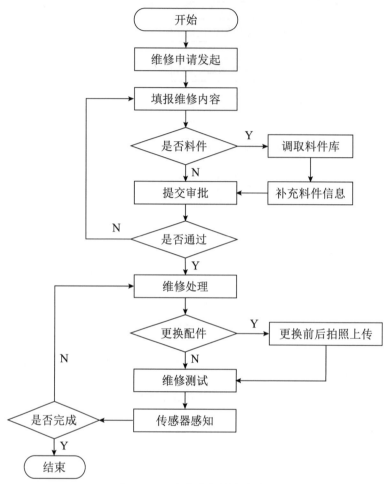

图 8-10　房产设备维修流程

经过业务一体化的平台功能测试，平台完成了各项功能开发，平台功能实现情况如表 8-2 所示。平台首页包括全景地图、房产点位、报警信息等功能；专业系统可以链接至电梯、电站、消防等专业设备实施管理系统；房产管理包括房产信息、经营信

息、维修信息等功能；设备管理包括基础信息、故障信息、维保信息、预警记录、维修记录、工单信息等功能；资产管理包括资产列表、甲类/乙类资产管理、资产报废等功能；统一调度包括园区巡检管理、费用申请、报警处理等功能；统计分析包括维修维保分析、运行维护分析、预警分析等功能；系统管理包括用户管理、权限管理、图层管理、接口管理、预警设置、接口管理等功能；移动应用包括报警信息、设备保修、费用审批、设备巡检、设备维保、统计报表等功能。

表 8-2　资产管理平台功能模块

功能模块	功能点
平台首页	全景地图、房产点位、报警信息
专业系统	电梯系统等 12 个专业系统
房产管理	房产信息、经营信息、维修信息
设备管理	基础信息、故障信息、维保信息、预警记录、维修记录、工单信息等
资产管理	资产列表、甲类/乙类资产管理、资产报废
统一调度	园区巡检管理、费用申请、报警处理
统计分析	维修维保分析、运行维护分析、预警分析
系统管理	用户管理、权限管理、图层管理、接口管理、预警设置、接口管理
移动应用	报警信息、设备保修、费用审批、设备巡检、设备维保、统计报表

资产管理平台部分功能界面如图 8-11、图 8-12、图 8-13 和图 8-14 所示。

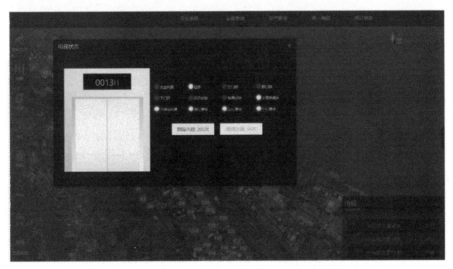

图 8-11　资产管理平台专业系统实时运行状态（电梯）

图 8-12　资产管理平台功能界面（设备管理）

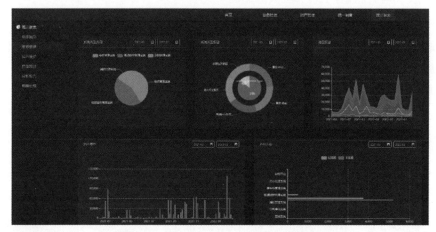

图 8-13　资产管理平台功能界面（统计分析）

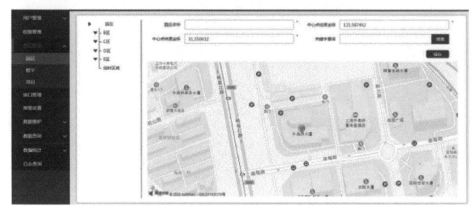

图 8-14　资产管理平台功能界面（系统管理）

8.9 总结与展望

通过引进专业化的第三方供应商，实现园区电站、电梯、消防等特种设备快速低成本的智能化改造（需满足动态数据交互要求），没有合适供应商的设备（如空调、卸货平台、柴油发电机组等）则自行加装传感设备，通过数据管理网关采集设备台账、运行、故障、维修、保养、报警、巡检、检测等动静态信息，数据网关同时整合园区已有的审批、房产管理、经营管理、工程管理等信息，以及与监管部门等外部系统对接。数据采集和处理完成后，平台将相关数据通过 GIS 地图全景呈现，实现园区设备设施集中展示、集成管理、统一调度，为园区运行监控和经营管理提供实时、全面、准确的技术支持。园区管理平台可以实现对园区各类设备设施等资源管理和调度，产生良好的经济和社会效益，通过设备设施运行状态智能感知，提升园区运行安全水平，提高故障处理效率，提升客户满意度和园区整体竞争力。

后续可以从以下几个方面进行改进和优化。平台全景展示地图为二维地图，后续可以引入三维地图模型，更直观展示楼宇内部不同楼层的设备设施状态。平台接入视频、电站、电梯、消防、水泵房等园区多种设备设施专业管理系统，关联系统间也进行了业务联动，如可以根据电梯报警、消防报警信息远程调用视频探头，水泵房状态可以和消防系统联动等，后续可以增加联动机制，实现智能化联动。平台获取了园区专业设备设施的台账、运行、故障、维修、保养、报警、巡检、检测等大量动静态信息，具备一定的预警管理和决策支持功能，后续可进一步汇集和应用此类数据进行智能化分析，提高园区运行安全指数和设备设施运行效率。平台应用对园区管理模式也提出了挑战，维修、维保等过程数据全程留痕，需要员工和供应商观念的转变和园区管理方机制体制的更新，才能发挥平台更大的价值。

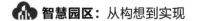
参 考 文 献

[1] 周明升，张雯.一种面向多源数据的智慧园区管理平台 [J].计算机与现代化，2023，333（5）：68-74.

[2] 许庆瑞，吴志岩，陈力田.智慧城市的愿景与架构 [J].管理工程学报，2012，26（4）：1-7.

[3] 杨凯瑞，张毅，何忍星.智慧园区的概念、目标与架构 [J].中国科技论坛，2019（1）：115-122.

[4] 韩存地，刘安强，张碧川，等.基于物联网平台的智慧园区设计与应用 [J].微电子学，2021，51（1）：146-150.

[5] 王广斌，张雷，刘洪磊.国内外智慧城市理论研究与实践思考 [J].科技进步与对策，2013，30（19）：153-160.

[6] Cimmino A, Pecorella T, Fantacci R, et al. The Role of Small Cell Technology in Future Smart City Applications[J]. Transactions on Emerging Telecommunications Technologies, 2014, 25(1): 11-20.

[7] 臧胜.智慧园区智能化系统的规划及设计 [J].现代城市研究，2017（11）：130-132.

[8] 邹砺锴.智慧城市建设下智慧园区规划设计探索 [J].智能城市，2020，6（8）：15-16.

[9] 潘志刚.智慧园区发展思路研究 [J].智能城市，2020，6（18）：12-14.

[10] Bakici T, Almirall E, Wareham J. A Smart City Initiative: The Case of Barcelona[J]. Journal of the Knowledge Economy, 2013, 4(1): 135-148.

[11] 王莉红.基于物联网技术构建智慧园区数字化系统探究 [J].物联网技术，2022，12（3）：54-56.

[12] 智勇，郭帅，何欣，等.面向智慧工业园区的双层优化调度模型 [J].电力系统自动化，2017，41（1）：31-38.

[13] 王利霞，康洪波，徐康顺.基于大数据的智慧园区电源系统管理平台 [J].电源技术，2017，41（11）：1637-1639.

[14] 吴笑民，郭雨，郑景文，等.多能互补智慧园区能源系统优化运行方法 [J].高电压技术，2022，48（7）：2545-2553.

[15] 石荣丽.基于大数据的智慧物流园区信息平台建设 [J].企业经济，2016（3）：134-138.

[16] 吴学政.基于物联网技术的高校智慧消防管理系统建设探讨 [J].科技通报，2017，33（10）：218-221.

[17] 贾音，孔胜利，陈备，等.智慧园区应急物资储备系统设计与应用 [J].消防科学与技术，2020，39（5）：717-721.

[18] 徐建国.无线传感网络在电梯中的应用 [J].计算机与现代化，2011（10）：110-112.

[19] 刘在英，周明升.辅助视觉下升降机平台人数超载智能检测方法 [J].微电子学与计算机，2014，31（6）：184-188.

[20]　李娟娟，王希娟．基于物联网技术的电梯监控系统设计 [J].微型电脑应用，2018，34（2）：33-35.

[21]　李瑛，苏宏锋．基于智能停车综合管理平台的网络系统 [J].计算机与现代化，2016（8）：75-78.

[22]　肖玮，张磊，邱泽华．基于多目标点 A* 算法的停车场车位路径引导系统设计 [J].计算机与现代化，2020（6）：40-45.

[23]　周明升，刘抒扬．一种基于改进的马尔可夫链的交通状况预测模型 [J].电子技术应用，2022，48（5）：27-30.

[24]　周明升，韩冬梅．上海自贸区金融开放创新对上海的经济效应评价——基于"反事实"方法的研究 [J].华东经济管理，2018，32（8）：13-18.

[25]　周子航，周明升．一种智慧园区数据接入网关 [P].上海市：CN113810272A.2021-12-17.

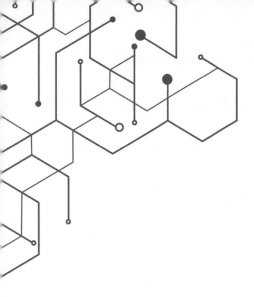

第 9 章　智慧园区建设——安全管理平台

　　安全是园区有序运行的基础，智慧园区建设可以通过技术手段提升园区设备安全、经营安全和运行安全水平。本章将从园区安全管理概述出发，提出安全管理平台架构，通过园区总控服务中心、园区综合监管、设备集成管理、园区视频分析等构建园区安全管理平台。

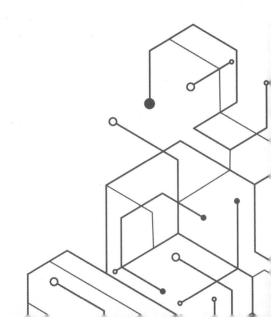

9.1 园区安全管理概述

园区安全管理是根据园区功能定位、运营管理和发展需要，由园区管委会等政府部门或园区开发主体对园区建设、运营、管理、服务过程中的安全进行全方位和全过程管理，通过技防和人防结合的方式确保园区安全。园区安全是园区运营发展的基础条件，是园区竞争力的重要指标，物联网、大数据、移动互联、人工智能等新一代信息技术为园区安全管理提供了技术手段，推动园区安全管理技术升级、方式优化和模式创新。

园区安全管理是智慧园区建设的重要组成部分，为此，本章在已发表论文《基于物联网和人工智能的园区安全运营管理平台》[1]基础上进行扩展，提出和论述园区安全管理平台。

9.1.1 研究综述

园区是一个特定空间，通过区位优势、政策措施和综合服务推动园区产业集聚和发展。我国园区建设开始于 20 世纪 80 年代，经过多年发展，以自由贸易试验区、高科技园区等为代表的各类经济开发园区数量众多，在我国经济社会发展中占有重要地位。经过传统园区、数字园区、智慧园区等园区迭代升级，我国园区安全运营管理水平有很大提升，但总体仍呈现物业分散、客户要求高、智慧化水平不高等特点[2]。园区安全运营包括设备安全、经营安全、运行安全等多个方面，是近几年国内外学者研究的热点。周明升等（2018）研究了上海自贸区金融开放创新对上海经济的影响[3]，贾音等（2020）针对园区安全设计了应急物资储备系统[4]，刘在英等（2014）提出了卸货平台超载的智能检测方法[5]，李达铭等（2018）、马福军（2022）分别构建了电梯调度控制方案[6,7]，肖玮等（2020）、周明升等（2022）分别构建了智慧停车系统和交通状况预测模型[8,9]，张雯等（2023）构建了园区经营监管平台对园区经营情况进行监管和预警[10]，韩存地等（2021）、王莉红等（2022）分别构建了智慧园区管理总

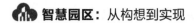

体架构[11,12]，园区安全管理是智慧园区的重要组成部分，张雯等（2023）构建了园区安全运营管理平台，通过物联网感知园区状态，通过人工智能实现安全事件主动报警[1]，周明升等（2023）构建了一种面向多源数据的智慧园区管理平台，实现园区特种设备实施集成管理和联动调度，通过设备自动预警、系统调度和集中监控提升园区安全管理水平[13]。

9.1.2 需求分析

受到多种因素制约，我国园区信息系统存在数据交互不畅、功能重叠重复等问题[14]。与区域面积大、房产设备多、客户类型杂形成鲜明对比的是，我国很多园区都是工业园区，园区管理方式仍以劳动密集型为主，园区安全运营管理中存在诸多痛点。园区房产、设备等资源分散，日益老化，维修成本高。园区房产和设备设施管理各自为政，条线分割，缺少联动和统一管控，资源调度以经验为主，有效性差[11]。园区运营管理以劳动密集型模式为主，房产及设备设施运维数据缺失，信息化数字化水平不高，难以满足园区安全运营和客户协同服务的要求。为提高园区安全运营的数字化、自动化和智能化水平，张雯等（2023）设计了一种基于物联网和人工智能的园区安全运营管理平台[1]。园区总控和客户服务中心实现园区集中调度，园区房产综合监管实现园区房产经营一体化管理，园区专业设备集成实现园区各类设备设施集中监管，园区视频探头汇集和分析实现园区安全运营智能预警，通过遍布园区的物联网实现园区安全态势实时感知，通过智能分析和人工智能算法实现园区主动安全管理。

在园区已有信息化成果基础上，面向多源数据、多源系统和多类型平台，本章构建基于物联网和人工智能的园区安全运营管理平台，实现园区安全态势实时感知，园区状态集中监管，提升园区应急处置效率和效力，提升客户响应速度和满意度，在新冠疫情防控期间助力园区疫情防控，确保园区平稳运行。平台组成：园区总控中心和园区客户服务中心建设，实现园区信息集成监管、集中调度和应急指挥；园区房产综合监管呈现，实现园区租赁、运维等运营一体化管理；园区专业设备设施集成，实现园区电站、电梯、消防等设备设施资源集中监管；园区视频集成和智能分析实现园区安全运营智能预警预测。

9.2　平台架构设计

基于物联网、大数据、云计算、人工智能等新一代信息技术，打造开放、安全、共享的园区安全运营平台，提升园区运营管理的数字化、自动化、智能化水平，构建基于物联网和人工智能的园区安全管理平台。

9.2.1　平台架构设计

平台总体采用 B/S（Browser/Server，浏览器 / 服务器）架构，分用户层、展示层、业务层、数据层、网络层五层，如图 9-1 所示。

用户层	园区管委会　开发公司　物业公司　服务供应商　园区客户			
展示层	监管大屏　　Web端　　移动端　　协同APP			
业务层	**园区房产监管** 房产模块 客户模块 收入模块 成本模块 图层模块 预警模块	**园区客户服务** 客户模块 合同模块 楼宇模块 销控模块 走访服务 活动管理	**专业设备集成** 电站系统 电梯系统 消防系统 水泵房系统 光伏发电 停车管理 ……	**智慧视频分析** 摄像头管理 场景展现 智能报警 算法配置 后台管理
数据层	设备数据　　业务数据　　视频数据　　停车数据			
网络层	园区专网　　WiFi网络　　物联网　　3G/4G/5G			

图 9-1　安全管理平台架构

用户层：平台用户包括园区管委会、开发公司、物业公司、服务供应商和园区客户。展示层：平台通过总控中心监管大屏展示，通过 Web 端、移动端、协同 APP 等访问。业务层：包括园区房产综合监管、园区客户服务、专业设备集成、智慧视频分析等，园区房产监管含房产、客户、收入、成本、图层、预警等功能模块，园区客户服务含客户、合同、楼宇、销控、走访服务、活动管理等功能模块，专业设备集成含电站、电梯、消防、水泵房、光伏发电、停车管理等专业系统，智慧视频分析含

CCTV（Closed Circuit Television，闭路电视）探头管理、场景展现、智能报警、算法配置、后台管理等功能模块。数据层：平台数据包括设备数据、业务数据、视频数据、停车数据等。网络层：平台通过园区专网、Wi-Fi 网络、物联网、3G/4G/5G 等网络资源进行数据采集传输和平台访问。

9.2.2 网络拓扑设计

平台借助园区光纤专网实现视频、停车等信息集成，通过物联网卡采集设备设施数据到本地接入网关，通过移动网络加密传输至平台，平台网络拓扑如图 9-2 所示。平台网络架构具有一定的防攻击能力[15]，网络防火墙是平台内外网数据交互通道，园区状态数据通过分布在园区的各数据接入网关采集，设备设施数据通过 3G/4G/5G 移动网络加密传输至防火墙，视频数据、停车数据通过园区光纤专线传输至园区专线网

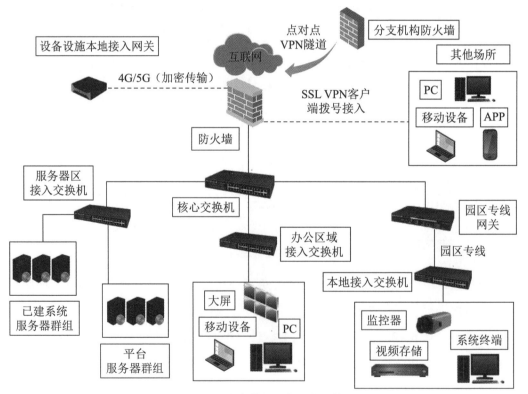

图 9-2 安全管理平台网络拓扑

关，接入平台服务器。园区分支机构通过点对点 VPN 防火墙接入，其他场所电脑、移动设备、APP 应用程序等通过 SSL（Secure Socket Layer，安全套接层）的 VPN 接入。

防火墙内部为核心交换机，连接服务器接入交换机、办公区域交换机和园区专线网关，平台与园区现有系统在服务器区交换机内完成数据交互，办公区域电脑、移动设备、监管大屏通过办公区域交换机访问平台，园区终端通过本地接入交换机接入园区专线，经园区专线网关接入平台。

9.2.3　平台功能组成

园区安全管理平台由园区总控服务中心、园区综合监管、园区设备设施集成管理、园区视频分析等组成，通过新一代信息技术提升园区安全管理水平。

园区总控服务中心是园区的运营、管理和服务中心，负责园区值守、运行监控、客户诉求处理和园区应急响应；园区综合监管以园区房产资源为视角，对房产租售、管理、运维等经营情况进行数字化监管，进行业务预警和决策支持；园区设备集成管理对园区电站、电梯等特种设备设施的台账、运行、故障、报警、维修、维保等业务进行集中管控，确保园区设备运行正常；园区视频分析通过园区各类视频信息汇集和智能化分析，实时感知园区安全运行态势，及时发现并预警园区突发事件。

9.3 园区总控服务中心

园区总控服务中心分为总控中心（硬件）和客户服务中心（软件）。

园区总控中心为园区安全运营、管理和服务中心，负责园区设备设施运行监控、园区客户需求响应、园区安全应急和值班调度。园区各类设备设施的报警、故障、维保等信息集中呈现至总控中心，由值守人员监督处置；园区客户通过呼叫中心发起报修、投诉或诉求，由总控中心分类处置，并跟进处理情况；园区消防报警、防台防汛

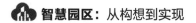

等安全处置由总控中心完成；总控中心同时作为园区值班调度中心，24 小时专班值守，处理园区各类突发情况。

园区客户服务中心为园区安全运营、管理和服务的虚拟中心，实现园区各类客户入驻、管理、服务、离园等全要素、全周期、全流程系统化管理，如图 9-3 所示。客户入驻环节包括客户基本信息、联系人、交房入驻等，过程管理环节包括租赁合同、楼宇信息、协议文件、租金收缴、经营状况跟进等，客户服务环节包括服务记录、活动记录、报修记录、二次装修申请、物业增值服务等，客户退租离园环节包括客户退租协议、退租恢复、后续跟踪、其他信息等。

客户入驻	基本信息　联系人信息　交房入驻
过程管理	租赁合同　楼宇信息　协议文本　费用收缴　经营状况
客户服务	服务记录　活动记录　报修记录　二次装修申请　物业增值服务
退租离园	退租协议　退租恢复　后续跟踪　其他信息

图 9-3　园区客户全周期服务

园区客户服务中心通过客户模块、合同模块、楼宇模块、销控模块、走访服务、活动管理、客户服务驾驶舱等实现园区客户全生命周期服务系统化，如表 9-1 所示。客户模块包括基本信息、联系人、合同信息、协议文件、过程文件、交房退房、奖惩记录、走访服务记录、活动记录、维修记录等功能，合同模块包括租赁合同、补充协议、出售合同，租赁合同包括合同信息、租赁物业、分时段单价、应收租金、实收租金、欠租信息等功能，楼宇模块包括房产基本信息、工程参数、产权信息、租售信息等功能，走访服务模块包括走访服务记录，重点客户服务，走访及服务统计等功能，活动管理模块包括活动发起、活动报名、活动签到、满意度调查、活动统计等功能，领导驾驶舱包括年租金贡献、租赁面积贡献、客户行业分布、租金收缴及欠租情况等功能。

表 9-1　园区客户服务中心功能

功 能 模 块	具 体 功 能
客户模块	基本信息、联系人、合同信息、协议文件、过程文件、交房退房、奖惩记录、走访服务记录、活动记录、维修记录

续表

功能模块	具体功能
合同模块	租赁合同、补充协议、出售合同，租赁合同包括合同信息、租赁物业、分时段单价、应收租金、实收租金、欠租信息
楼宇模块	房产基本信息、工程参数、产权信息、租售信息等
走访服务	走访服务记录，重点客户服务，走访及服务统计
活动管理	活动发起、活动报名、活动签到、满意度调查、活动统计
驾驶舱	年租金贡献、租赁面积贡献、客户行业分布、租金收缴情况等

9.4　园区综合监管系统

园区综合监管系统以园区房产资源为视角，整合房产信息、租售情况、租金情况、运维成本等园区经营、管理和服务信息，通过 GIS（Generalized Information System，地理信息系统）图层分级、分层、分类展现，进行业务预警和辅助决策支持。

平台功能模块如表 9-2 所示，各功能模块均可按园区、地块、项目等分层分级展示。

表 9-2　园区房产综合监管功能

功能模块	具体功能
房产模块	房产面积、楼宇数量、已租售面积、实时出租率等
租金模块	年度租金目标、预测租金、合同租金、应收租金、已收租金等
运维成本	房产原值、房产累计折旧、运维成本、零星维修费用等
监管指标	空置率、楼宇租金超百万、客户数量分布、能耗下降等指标
智能预警	合同到期、客户欠租、合同超时、空置预警、楼宇能耗等预警

房产模块包括房产面积、楼宇数量、已租售面积、实时出租率等功能；租金模块包括年度租金目标、预测租金、合同租金、应收租金、已收租金等功能；运维成本模块包括房产原值、房产累计折旧、运维成本、零星维修费用等功能；监管指标模块包括空置率、楼宇租金超百万、客户数量分布、能耗下降等指标内容；智能预警模块包括合同到期、客户欠租、合同超时、空置预警、楼宇能耗等内容。

9.5 园区设备集成管理系统

如图9-4所示，园区设备集成管理系统整合园区电站、电梯、消防、水泵房、停车、光伏等专业设备实施系统的台账、运行、故障、报警、维修、维保等各类信息。园区电站、电梯、消防、水泵房、停车等专业系统采用市场化方式，专业设备设施管理厂商提供O2O（Online to Offline，线上到线下）一体化服务，通过集成平台实现设备设施专业系统集成展示、统一调度、集中监管和大数据分析。

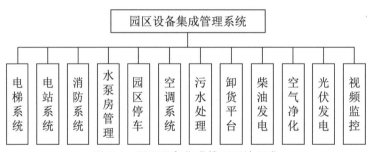

图9-4 园区设备集成管理系统组成

园区设备设施集成平台包括专业系统入口、设备管理、资产管理、统一调度、统计报表等功能模块，详见表9-3。专业系统模块为园区电站、消防、电梯、水泵房等专业设备设施管理系统入口；设备管理模块包括基础信息、故障信息、维保记录、预警记录、维修记录等功能；资产管理模块包括资源一栏、附房类资产、办公资产、资产维修、资产报废等功能；统一调度模块包括园区巡检、费用申请、报警处理等功能；统计报表模块包括总体概览、维修维保、运行维护、预警处理、分析报告等功能。

表9-3 园区设备设施集成功能

功能模块	具体功能
专业系统	园区电站、消防、电梯、水泵房等专业设备设施管理系统入口
设备管理	基础信息、故障信息、维保记录、预警记录、维修记录
资产管理	资源一栏、附房类资产、办公资产、资产维修、资产报废
统一调度	园区巡检、费用申请、报警处理
统计报表	总体概览、维修维保、运行维护、预警处理、分析报告

各专业系统运维模式：通过物联网实现专业设备设施状态实时监控，故障时通过系统自动报警，通知相关人员处置，相关人员进行现场处置，若未在规定时间内完成则进行人工干预，由总控中心管理人员督促相关人员整改，从而形成设备状态监控、自动报警、报警响应、人工干预、整改提高的园区设备设施管理闭环。

9.6 园区视频分析系统

通过园区专网集成园区数千个 CCTV 安防探头，通过视频流管理和视频分析，感知和发现园区重点出入口人员车辆密集、消防通道占用、违章停车、电瓶车进电梯、岗亭保安瞌睡等事件，及时做出预警和处置。园区实际管理中，当物联网设备感知到园区设备设施异常时，可调用附近的探头进行查看，提升处置效率，节省人力物力。

园区视频监控系统可自动轮询（根据设置自动预警），可按区域地块集中查看，可分类场景设置园区出入口、小区门房间、电梯间、防汛防台等场景，如图 9-5 所示。

图 9-5　园区安防视频分区分类管理

在区域或分类场景基础上，通过 GIS 地图查看和点选 CCTV 探头，如图 9-6 所示，与消防火警、违章停车等联动联防，确保园区的有序运行。

图 9-6　园区安防视频地图呈现

9.7　平台实施目标

基于物联网和人工智能的园区安全管理平台，将使园区安全运营的自动化和智能化水平大幅提升，有利于提升园区用电安全、治安安全、电梯安全、消防安全、停车秩序、疫情防控等保障能力。

（1）园区用电安全：园区供电站加装物联网设备，通过智慧电站管理系统实现电站及其设备状态的实时感知，温湿度、用电负荷等达到阈值通过 APP 和手机短信通知管理人员，处理过程全面线上留痕，处理效率和效果提升明显，提升园区用电安全保证水平。

（2）园区治安安全：园区数千个 CCTV 探头进行数字化改造，全部接入园区总控中心，将上百个管理小区监控室的职能集中到总控中心，在大幅降低人工成本的同时，通过园区出入口、安全通道、岗亭等重点部位场景设置和智能视频分析，实现消防通道占用、违章停车、电动车违规入电梯、岗亭保安脱岗等事件的自动报警，通过总控中心集中调度、管理和监督，园区视频智能分析和预警提升园区安全运营保障能力。

（3）园区电梯安全：园区电梯加装物联网模块，实时感知电梯运行状态，智能识别电梯卡门、电动车进电梯等事件（可自动停运电梯，直至违规事件解除），遇电梯困人等事件实时报警，总控中心值守人员可按需视频交互，电梯运行、维保等信息自动线上化，通过电梯状态的大数据分析和智能评分提高用梯安全。

（4）园区消防安全：园区消防系统和水泵房进行智能化改造，实时感知水泵房压力、运行状态等信息，通过改造和配套管理手段实现消防泵启动 15 分钟内到达现场处置，提升园区消防安全水平。

（5）园区停车秩序：集成园区停车场和停车管理系统，通过黑名单和白名单设置，解决了园区停车难、停车乱的问题。

（6）疫情常态化防控：在疫情常态化防控中，通过视频分析加强园区出入口管理，加强员工、供应商等人员登记排查，通过客户服务系统实现园区企业租赁合同续签、租金减免等事项的"不见面办理"。

9.8　总结与展望

将物联网、大数据、人工智能等新一代信息技术应用到园区安全运营管理中，建立面向多源数据、多平台的园区安全运营管理平台，打造园区总控中心和客户服务中心，建设园区房产综合监管和设备设施集成管理平台，构建园区视频汇集和智能分析功能。通过远程监测、立体感知和智能处理实现运营、管理和服务闭环，打造以服务客户和房产资源为视角、全要素全覆盖的安全运营管理平台，实现园区运营管理从平

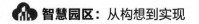
面管理向立体管理的转变。

后续，可以继续深化园区安全运营管理平台的应用功能和拓展。（1）在园区安全保障方面，在已有专业设备设施集成基础上，可以实现关联系统联动（如火灾报警和水泵房联动、视频联动等）。（2）在园区安全经营方面，可以在现有视频汇集和分析基础上，设置更多的业务场景，进一步发挥视频联网和智能分析的效果。（3）在平台整合方面，可以更加深入地结合园区招商引资和配套服务，让园区有更大的获得感。（4）在平台应用方面，平台汇集了园区设备、房产、客户等大量数据，可以进一步挖掘客户数据价值，提升园区安全和运营的预判能力。（5）在平台推广方面，在上海自贸试验区实施的基础上，可以向其他园区推广应用，进一步推进园区安全运营管理与新一代信息技术的深度融合。

参考文献

[1] 张雯，周子航，周明升.基于物联网和人工智能的园区安全运营管理平台 [J].计算机时代，2023（2）：132-136.

[2] 许庆瑞，吴志岩，陈力田.智慧城市的愿景与架构 [J].管理工程学报，2012（4）：1-7.

[3] 周明升，韩冬梅.上海自贸区金融开放创新对上海的经济效应评价——基于"反事实"方法的研究 [J].华东经济管理，2018，32（8）：13-18.

[4] 贾音，孔胜利，陈备，等.智慧园区应急物资储备系统设计与应用 [J].消防科学与技术，2020，39（5）：717-721.

[5] 刘在英，周明升.辅助视觉下升降机平台人数超载智能检测方法 [J].微电子学与计算机，2014，31（6）：184-188.

[6] 李达铭，樊锐，史海鸥，等.物联网与大数据相结合的电梯调度系统优化方案 [J].计算机时代，2018（5）：21-24.

[7] 马福军.基于呼梯预约和大数据分析的电梯群控研究 [J].计算机时代，2022（7）：7-11+16.

[8] 肖玮，张磊，邱泽华，等.基于多目标点 A* 算法的停车场车位路径引导系统设计 [J].计算机与现代化，2020（6）：40-45.

[9] 周明升，刘抒扬.一种基于改进的马尔可夫链的交通状况预测模型 [J].电子技术应用，2022，48（5）：27-30+36.

[10] 张雯，周明升 . 基于数据中台的园区经营监管平台的设计与实现 [J]. 网络安全与数据治理，2023，42（4）：78-84.

[11] 韩存地，刘安强，张碧川，等 . 基于物联网平台的智慧园区设计与应用 [J]. 微电子学，2021，51（1）：146-150.

[12] 王莉红 . 基于物联网技术构建智慧园区数字化系统探究 [J]. 物联网技术，2022，12（3）：54-56.

[13] 周明升，张雯 . 一种面向多源数据的智慧园区管理平台 [J]. 计算机与现代化，2023，333（5）：68-74.

[14] 邹砺锴 . 智慧城市建设下智慧园区规划设计探索 [J]. 智能城市，2020，6（8）：15-16.

[15] 周明升，韩冬梅 . 基于 Rossle 混沌平均互信息特征挖掘的网络攻击检测算法 [J]. 微型机与应用，2016，35（14）：1-4.

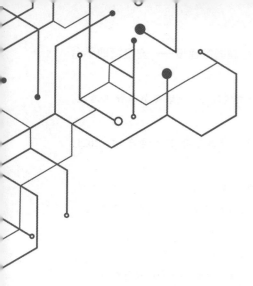

第 10 章　智慧园区建设——公共服务平台

公共服务水平是园区客户获得感和园区竞争力的重要内容，智慧园区建设将推动园区政务服务个性化、能源管理科学化、交通管理智能化、综合治理有效化和配套服务精准化，助力建设有温度的园区。

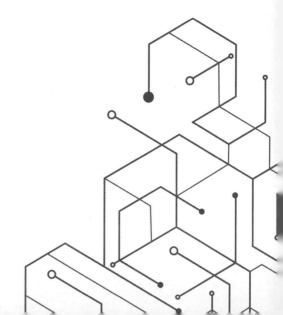

10.1 园区公共服务概述

园区公共服务是根据园区管理方、园区企业、员工、访客等各主体工作或生活需要，由园区管委会等政府部门、园区开发主体或其他供应商提供的各类面向公众的服务，包括政务服务、能源管理、交通管理、综合治理、配套服务等。园区公共服务水平是园区软环境的重要组成部分，是园区综合竞争力的重要内容。

通过新一代信息技术提升园区公共服务水平，是智慧园区的重要组成部分。本章在前人研究基础上，将论述园区公共服务平台的总体架构、组成和功能实现。

智慧园区的公共服务需求包括政务服务、园区能耗、园区交通、园区治理、配套服务等多方面。（1）园区政务服务需求：为园区潜在企业提供园区信息推送，介绍和推介园区；为园区企业和个人提供一站式政务服务，实现一窗式或一网受理；园区各政府相关部门协同审批和信息共享。（2）园区能源管理需求：实时感知园区供电、供水、供气等运行态势和园区能耗情况，了解园区企业能耗变化，优化和提升园区能源利用效率。（3）园区交通管理需求：交通路况信息实时获取和交通导引，园区停车资源实时获取和停车导引。（4）园区综合治理需求：借助园区视频监控、物联网等实现园区综合治理态势感知、预警和管理。（5）园区配套服务：为园区企业、员工和访客的工作生活提供便利。

10.2 平台总体架构设计

10.2.1 平台架构组成

园区公共服务平台架构由用户层、表现层、安全层、业务层、服务层、支撑层、数据层等组成，如图 10-1 所示。

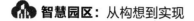

用户层	为园区政府、开发主体、园区企业、员工和访客等服务
表现层	支持电脑、大屏、移动终端应用
安全层	对组织和用户实现统一管理，通过单点登录实现应用系统整合，实现系统认证、授权、记录和审计
业务层	平台业务功能实现
服务层	提供底层技术和服务支持，提供用户管理、权限管理、系统配置、流程服务、应用数据服务、信息交互服务、日志服务等功能
支撑层	提供统一的基础应用，包括统一门户、统一身份认证、统一工作流、数据交换和共享、流媒体服务等
数据层	提供数据库应用服务，实现数据库操作，包括关系型数据库、文档数据库、非关系型数据库等

图 10-1　公共服务平台架构

平台数据层为平台提供数据库应用服务，实现数据库操作，包括关系型数据库、文档数据库、非关系型数据库等；支撑层提供统一的基础应用，包括统一门户、统一身份认证、统一工作流、数据交换和共享、流媒体服务等；服务层为平台提供底层技术和服务支持，提供用户管理、权限管理、系统配置、流程服务、应用数据服务、信息交互服务、日志服务等功能；业务层为平台各项功能实现；安全层对平台组织和用户实现统一管理，通过单点登录实现应用系统整合，实现系统认证、授权、记录和审计等；表现层为平台支持电脑、大屏、移动终端应用；用户层为平台的服务对象，包括园区政府、开发主体、园区企业、员工和访客等。

10.2.2　平台架构内容

园区公共服务平台由统一门户平台、统一用户管理平台和统一工作流平台组成。

（1）统一门户平台：整合智慧园区各主题的服务系统，建立统一的跨部门综合门户平台（如图 10-2 所示），使园区企业和个人可以方便快捷地接入政府相关部门业务办理平台，获得个性化的服务。

园区外网门户	园区资讯发布 园区事项办理和查询 园区公共服务（交通、配套等）
园区内网门户	园区政府部门内部办公门户 园区管理门户（交通、安全、能源等）
园区移动门户	是园区外网和内网门户延伸，公众、政府部门等可通过移动门户查询和办理

图 10-2　园区统一门户平台功能

园区统一门户包括外网用户平台、内网用户平台和移动用户平台。园区外网用户平台用于园区资讯信息、资源信息的展示，更好地让园区内部和外部企业了解到园区整体动向，实现园区信息公开、资源共享，推广和介绍园区。园区内网用户平台提供园区统一办公的门户平台，通过统一门户、统一用户、统一认证和统一流程管理，使园区各政府相关部门实现协同高效和审批快捷。移动门户平台将内网和外网平台延伸至移动设备，提供便捷快速的处理通道。

（2）统一用户管理平台：集中统一管理各应用系统用户（包括账号和权限的增加、更改、关闭等），如图 10-3 所示，建立统一的用户中心，提供统一的用户数据接口，应用系统间用户数据同步和集中管理，提供统一的认证接口，为单点登录提供多种方式认证，提供统一的权限管理和权限接口，实现分级授权和访问控制，提供统一的组织机构和岗位管理，对平台用户信息、认证信息、操作系统等统一审计管理，提供平台用户全生命周期管理。

统一接口认证	统一授权管理	统一审计管理
用户接口 认证接口 权限接口	访问资源管理 分级授权管理 访问控制管理	访问行为审计 审计信息查询 审计统计分析
统一应用管理	组织架构　用户管理　岗位管理　角色管理　权限管理 资源管理　配置管理　安全管理　审计管理　日志管理	

图 10-3　统一门户管理平台功能

（3）统一工作流平台：工作流是业务过程的部分或整体在计算机应用环境下自动

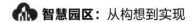

化实现，工作流平台以工作流为核心，实现流程设计、执行、监控和统计等功能。如图 10-4 所示，工作流平台提供自定义表单功能，快速定义各类表单，提供表单样式在线编辑及自定义功能，提供转办、转发、督办、加签等功能，提供多种方式，支持跨流程审批[1]。

工作流平台前台	流程发起 流程已阅	流程待办 流程代理	流程已办 流程查询
工作流平台后台	流程管理 表单管理	流程设置 流程监控	环节管理 流程统计
业务流程管理引擎			

图 10-4　园区统一工作流平台功能

10.3 园区政务服务平台

联合园区管委会、工商、税务、公安、规划等政府相关部门的业务办理系统，建立一站式园区政务服务平台，实现政府行政事务的集中统一受理和查询，提高园区行政审批效率和服务水平。提供园区信息统一申请、审批和发布平台，平台可对信息内容进行采集、生产和制作，经过特定工作流和审批机制后通过大屏、小屏、移动设备等多种途径对外发布信息，为园区企业和个人提供综合信息发布和共享渠道。园区各类产业扶持、园区政策等信息，可以通过一站式园区服务平台及时准确地发布到目标群体，园区企业和个人可以实现网上预约、网上办理，提高服务效率[2]。

案例 某园区政务服务平台

如图 10-5 所示，该园区政务服务平台整合政府相关部门的审批事项构建综合审批平台（包括企业准入、建设审批、国际贸易等审批事项），整合园区执法部门的需求，建设园区综合监管与执法平台（包括综合执法指挥中心、诚信管理、统计监督、监管信息发布等），整合园区各相关政府部门的行政办公需求，建设园区行政办公综合平台（包括行政办公系统、移动协同、统一认证、个人云盘等）。综合审批平台、综合监管和执法平台、行政办公综合平台通过信息和信用共享与服务平台实现跨部门、跨业务的信息交互。通过统一的园区政务服务门户结合综合办事大厅受理，实现一窗受理、一网统办、一网统管，为园区企业和个人提供信息发布、业务办理、产业扶持等一站式服务。

政务服务门户

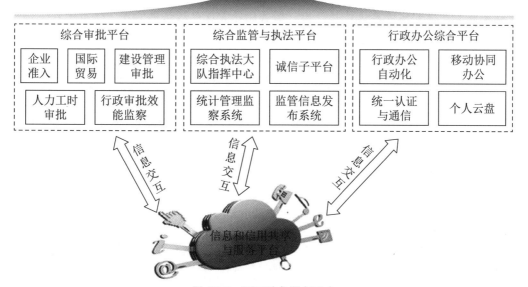

图 10-5　园区政务服务平台

　　智慧园区要求园区政府相关部门推进政务服务标准化、规范化和便利化，推动园区企业和个人办事更加智慧、更加便捷；推进政务服务线上线下标准统一、服务同质，推动窗口端、电脑端、移动端、自助端的服务平台功能升级；围绕园区企业全周期、产业发展全链条，推进事项办理、信息查询、政策解读等服务，建立事前精准推送、事中智能辅导、事后服务评价的服务模式。

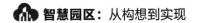

10.4 园区能源管理平台

综合运用物联网、大数据等新一代信息技术，集中采集园区用电、用水、用气信息，建立园区能源管理平台，实现对能源消耗信息实时、准确、全面采集和分析，为用户提供实时监测、自动抄表、状态报警、节能建议等服务，通过园区能耗的可视化管理和能源优化配置，推进园区能耗智慧管理。

案例 某园区能源管理平台

该园区通过物联网、大数据、人工智能等技术应用，实时掌握园区供电、供水、供气等能耗信息，进行能耗分析和节能管理，并为园区企业提供能源建议从而降低企业能耗成本，提升园区单位能耗产出。园区能源管理包括供电管理、供水管理、供气管理、节能管理等，如表10-1所示。

表 10-1　园区能源管理分类

分　类	内　容
供电管理	电站监控：监控园区总体电能消耗，通过物联网传感器采集园区电站设备状态和实时用电情况，掌握园区电站实时负载。 电表抄表：对园区电表进行智能化改造，增加智能传感模块，通过 RS485 或无线传感采集电表实时信息，实现远程自动抄表，实时掌握园区企业用电情况。
供水管理	对园区生活水表、消防水平进行智能化改造，实现远程自动抄表，实时掌握园区企业用水情况。
供气管理	对园区煤气表进行智能化改造，实现远程自动抄表，实时掌握园区企业用气情况。
节能管理	基于园区供电、供水、供气数据，进行园区能耗分析和节能管理，对空调、动力系统等能耗大户进行节能化改造，园区可出台补贴政策。

园区能源管理平台通过遍布园区的物联网实时感知园区供电、供水、供气等能源态势和能耗情况，对园区能源进行集中管理和调度，合理分配能耗，提升园区能源利用效率。通过能源管理驾驶舱为园区政府部门、开发主体等能源管理部门提供决策支持，包括园区能耗总体情况、园区用水用电用气情况、按区域能耗情况等功能，如图10-6所示。

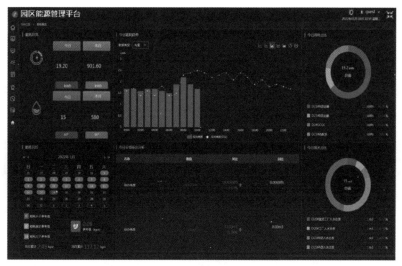

图 10-6 园区能源管理平台功能界面

园区交通管理平台包括智能交通管理和智慧停车管理。园区智能交通管理将传感器、无线通信、数据处理、网络技术、自动控制、视频检测识别、GPS（Global Positioning System，全球定位系统）定位等技术运用于园区交通运输管理体系中，建立实时、准确、高效的交通运输综合管理和控制系统。园区智能停车管理不仅仅是车辆的出入道闸和收费管理，智能停车借助信息化、网络化技术，部署统一泊位编码、车辆地磁感应装置、车载终端、定位技术、无线收费终端、手机 APP 应用等构建一个智慧管理服务平台，实现园区统一停车管理、智能监督管控、费用支付等功能。

10.5.1 园区智能交通管理

园区智能交通系统基于电子信息技术和物联网技术，面向交通运输、车辆控制的

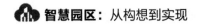

系统。它综合运用线圈、微波、视频、地磁检测等多种固定式交通信息采集手段，整合公共交通资源，采用车载定位和浮动车检测技术，实时获取路面交通流量、占用率、速度等交通要素，通过建模分析对路网流量进行分析预测和交通状况研判，实现最优路径规划、动态诱导、绿波控制和突发事件交通管制等功能，为路网建设和交通控制策略调整提供支持[3]。

（1）交通信息采集系统：利用安装在道路和车辆上（或驾驶员导航 APP）的交通信息收集、处理和发布交通流量、行车速度、管制信息、交通状况、停车场信息等，实现交通参数采集、车辆信息识别、交通通行信息采集等功能。

（2）交通指挥系统：根据路况信息、车辆信息和交通预判采取交通疏导、管制等措施，最大限度提升道路通行水平。

（3）交通诱导系统：基于计算机网络通信技术，处理园区车辆采集、道路监视、信号控制系统等园区道路动态信息，将发生的交通信息推送至户外显示屏或短信等提醒，为公众出行提供信息和服务。它是由交通信息采集单元、信息处理和控制、交通诱导数据库、数据通信传输、交通诱导信息发布等部分组成的。

（4）交通信号控制系统：集成计算、通信和控制技术为一体的区域交通信号实时联网控制系统，可实现对交通信号的实时控制。系统由信号控制中心（其设备包括各类控制服务器、通信服务器、数据库服务等）、通信路线（一般由光端机和通信网络实现控制中心与交通信号光纤连接）、路口信号机（实时监测车辆信息，调整信号控制方案）等组成[1]，如图10-7所示。

园区交通信息控制系统包括控制中心、区域级、路口级三级。控制中心提供全网对时、勤务管理、区域协调、决策统计等功能，可通过客户端或浏览器访问，通过系统运行数据汇集和分析不断优化信号控制系统；区域级系统提供信息通信、数据采集、数据转换、数据存储、设备监控、设备控制、流程优化、动态监控等管理功能，可通过客户端或浏览器访问；各交通路口通过信号机采集当前车流量等路况信息，提交至区域级系统做出交通控制判断，并实时传输至控制中心，控制中心可对区域级系统进行管理和控制，通过区域级系统对路口信号灯等进行管理和控制。

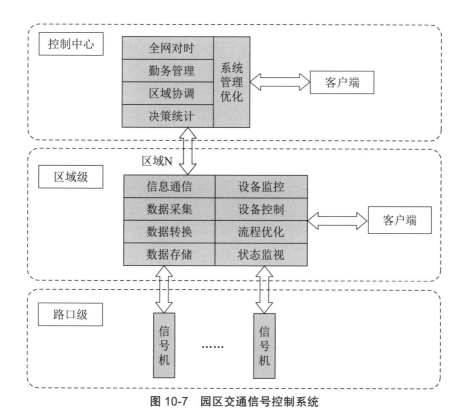

图 10-7　园区交通信号控制系统

10.5.2　园区智慧停车管理

园区智慧停车管理系统整合传感器、视频检测识别、网络控制等技术对园区停车场区和车辆统一管理，实现进出车辆管理、车辆定位、寻车管理、车位引导、车位管理等功能[4]。

园区智慧停车管理系统整合了园区内各停车资源，借助园区光纤网络等专线或移动基站实现各园区停车场道闸联网，对园区停车进行集中管理，通过设置黑名单、白名单，对园区企业或访客车辆一次计费多场区畅停。对各停车场资源进行实时统计和预测，为园区停车提供指引和导航，提升园区停车秩序和停车位利用率[5]。

园区智慧停车管理系统架构如图 10-8 所示，整体上分为网络接入层、数据层、应用层和表现层。网络接入层：通过专线或 3G/4G/5G 网络将停车场数据接入园区网络核心层，在园区总控中心实现园区各停车场区信息集成。数据层：系统相关的停车数据、支付数据、地理信息系统 GIS 数据、其他业务数据等通过数据共享交换功能与应用层实现数据交互。应用层：分为前端的停车管理和后端的平台管理，停车管理提供场区管理、车位管理、设备管理、设备巡检、价格管理、收费管理、费用减免、黑白名单管理等功能，平台管理提供账户管理、对账管理、支付服务、电子地图、短信服务、增值服务、GIS 管理、系统接口等功能。表现层：为园区停车管理方、园区客户、园区个人提供服务，功能包括公共网站、APP 应用、短信平台、呼叫中心、应急指挥、停车诱导、外部系统接入等。

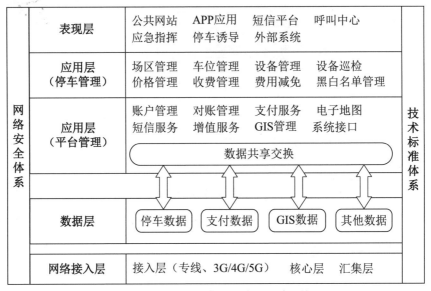

图 10-8　园区智慧停车管理系统架构

10.6　园区综合治理平台

通过园区视频探头和物联网，智能感知园区运行态势，对园区安全、运行秩序、园区环境等综合治理要素进行系统化平台化管理，提升园区综合治理的数字化水平。接下来，以视频监控系统为例，论述园区综合治理平台构建。

园区视频监控系统整合园区视频探头资源，构建覆盖整个园区的实时监控网络，运用智能识别技术，对园区内重要场所、部位和设施进行监控，实现视频监控与园区门禁、安保、消防、应急管理等园区管理联动，通过个性化应用场景设置，实现视频自动巡检、事件实时预警和智能自主决策，提高园区安全运营的立体管理能力[6]。

园区视频监控平台功能包括各类视频监控设备和报警设备远程管理和控制、电子地图应用、远程监控图像、平台权限管理、数据存储等。可以实现实时图像调阅、图像查询及回放、报警接收与处理、GIS 电子地图展示、用户及权限管理、流量监控、日志管理、语音对讲、远程设备管理、安防设备日常管理等。

园区视频监控系统架构上分为设备接入层、数据交换层、基础应用层、业务实现层、业务展现层，网络安全体系和技术标准体系提供支撑，如图 10-9 所示。

网络安全体系	业务展现层	通过 Web Service 接口调用平台各项服务，为最终用户提供业务支持，满足 C/S 机构、B/S 架构、大屏或移动设备访问	技术标准体系
	业务实现层	视频监控：实时图像、视频存储、视频分发、录像查询与回放、报警配置、用户管理等； 安防联动：对视频监控、门禁、消防、动环等系统统一管理，实现相关系统联动	
	基础应用层	由基础应用和业务应用组成，在软件架构上实现各系统应用，如视频报警、门禁、一卡通等	
	数据交换层	实现对操作系统、数据库、安全加密、多媒体协议封装等功能，包括关系数据库、安全数据交互中间件等模块	
	设备接入层	各视频监控设备、门禁、报警主机等系统主机，以及视频本地存储和管理	

图 10-9　园区视频监控平台架构

案例 某园区基于视频监控的综合治理平台

该园区将分散在园区十余平方公里的数千个视频探头进行整合，将模拟信号的视频探头升级为数字信号，根据园区安全需要将部分视频探头升级为抓拍探头，通过园区专网连接各地块、楼宇的视频控制台，对园区视频探头进行统一网络地址规划，实现园区各类视频探头集中轮巡、查看和监视。在此基础上，根据园区管理和服务需要设置了多个应用场景，如违章停车、消防通道占用、出入口拥堵等，通过智能算法实现自动分析和预警。如图 10-10 所示，将视频探头通过地图集中展示，与消防、安保等实现联动，可调取探头快速查看现场[7]。

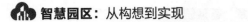

智慧园区：从构想到实现

图 10-10　园区视频监控平台功能

10.7　园区配套服务平台

园区配套服务平台为园区企业、员工、访客在园区的工作生活提供服务，如网络接入、会务服务、访客服务、商业服务等各类配套服务。在智慧园区配套服务平台建设时，通常需要进行身份识别（通过园区一卡通等方式识别）以提供个性化的服务，并对服务记录进行大数据分析，以优化和改善配套服务。接下来，将论述基于园区一卡通的园区配套服务平台。

如图 10-11 所示，园区一卡通是以智能卡为载体，在一张卡（可以是实体卡，也可以是非实体卡）上实现多项不同功能的智能管理。

园区一卡通以互联网为架构集身份识别、消费支付、信息服务等为一体，覆盖园区门禁、停车、导航（室内外）、餐饮、购物、商务、文化等个人服务的园区一卡通平台，实现业务数据的生成、采集、传输到汇总分析的信息资源管理标准和自动化，园区一卡通平台可以与园区各系统关联，为园区人员和访客提供高效、便捷和优质的服务 [1]。

170

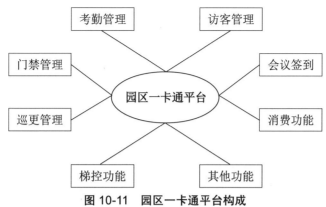

图 10-11　园区一卡通平台构成

（1）考勤管理：园区一卡通集成了智能身份识别，可以实现企业员工的信息化管理，员工刷卡进入后可自动采集员工信息、到岗时间等，可以实现多点打卡，为企业和员工提供便利。

（2）门禁管理：园区、楼宇、梯控、办公室等均可通过一卡通设置，提供办理的身份识别和权限。

（3）访客管理：对园区访客设置临时权限，可以与门禁、通道、梯控等系统联动，可以根据预约登记，核实访客身份和权限，提供通行便利。

（4）会议签到：一卡通会议签到以软硬件为载体，将管理与自动控制相结合，实现自动化会议管理，配合企业日常管理，减少管理人员工作量。

（5）巡更管理：一卡通采用离线式电子巡更，集安全巡视、员工考勤于一体，方便管理者实时掌握保安人员巡更情况。

（6）梯控管理：一卡通采用先进的卡片读写技术、自动控制技术、传感技术，通过授权为一卡通用户提供梯控功能，合理安全使用电梯，提高园区安全性。

（7）消费功能：一卡通具备消费支付功能，园区个人可以在园区餐厅、超市等场所进行刷卡消费。

一卡通是一种身份识别，可以做更多用途，如车辆出入、通道进出、办公室门禁、班车乘坐、福利发放、自助服务等，为园区企业员工提供便捷的工作和生活环境，是园区公共服务的组成部分。

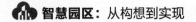

10.8 总结与展望

　　园区公共服务涉及园区政府部门、开发主体、园区企业、员工、访客等多主体，不同主体对园区公共服务的需求不同，总体来说包括政务服务、能源管理、交通管理、综合治理、配套服务等多方面。基于物联网、大数据、人工智能等新一代信息技术，针对园区各方的公共服务需求，本章提出了园区公共服务平台架构，并分别构建了园区政务服务平台、园区能源管理平台、园区交通管理平台、园区综合治理平台、园区配套服务平台，并对相关案例进行了分析，为园区公共服务平台建设提供参考。

　　园区公共服务涉及园区各主体，要考虑园区管理方的园区管理和治理需要（如能源管理、综合治理等），要考虑园区企业和个人的工作生活需要（如政务服务、交通服务、商业配套等），要考虑园区的产业发展和功能定位需要（如能耗指标、园区环境等），园区公共服务是多方面的综合需求，很难通过一个标准化平台来整合，尽管如此，开放、共享、包容可以作为智慧园区公共服务的目标。政府部门要整合内部审批流程，主动为园区企业和个人提供一站式服务，并依法公开、主动公开园区政策产业扶持等信息，让数据多跑路，企业少跑路；园区开发主体要抓住公共服务痛点和难点，以人为本，多算社会效益，针对性进行园区交通、商业配套等投入，为园区企业和个人营造温馨的工作生活环境，建设有温度的智慧园区；园区企业和个人作为园区公共服务的参与者和建设者，要着眼长远，主动开放共享能耗、环保等信息，从一点一滴出发，为园区节能管理和发展转型助力。

参考文献

[1] 王文利.智慧园区实践[M].北京：人民邮电出版社，2018.

[2] 闫立忠.产业园区产业地产规划、招商、运营实战[M].北京：中华工商联出版社，2015.

[3] 周明升，刘抒扬.一种基于改进的马尔可夫链的交通状况预测模型[J].电子技术应用，2022，

48（5）：27-30+36.

[4]　智慧园区应用与发展编写组 . 智慧园区应用与发展 [M]. 北京：中国电力出版社，2020.

[5]　周明升，张雯 . 一种面向多源数据的智慧园区管理平台 [J]. 计算机与现代化，2023，333（5）：68-74.

[6]　张雯，周子航，周明升 . 基于物联网和人工智能的园区安全运营管理平台 [J]. 计算机时代，2023（2）：132-136.

[7]　周明升 . 新一代信息技术在上海自贸区疫情防控中的应用研究 [J]. 现代信息科技，2022，6（22）：1-5.

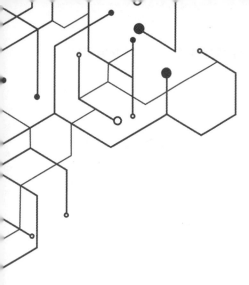

第 11 章　智慧园区建设——园区智慧大脑

新一代信息技术可以有效整合园区各类平台系统，通过数据采集、汇集、整理、加工和呈现构建强大的园区智慧大脑，实现数据赋能园区运营、管理和服务，助力园区高质量发展。本章将从园区智慧大脑概述出发，构建园区运行态势呈现、园区安全态势管理、园区应急指挥调度、园区决策支持为一体的园区智慧大脑。

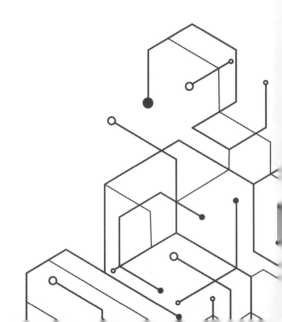

11.1　园区智慧大脑概述

园区智慧大脑以信息科学、空间科学和系统科学为基础，利用物联网、大数据、云计算、人工智能等新一代信息技术，打破园区各平台各系统之间的"信息孤岛"，将各业务数据资源进行汇集和整合，通过强大计算能力和学习优化，将园区数据转化为园区发展的新动能，有效调度园区资源提升园区运营和服务能力，推进园区产业发展和安居乐居，实现园区可持续发展[1]。

园区智慧大脑基于大数据智能分析和人工智能算法，结合园区自然资源、经济、社会、文化、人口等数据，为园区管理者提供智能决策支持服务，实现园区管理自我调节、优化和完善。园区智慧大脑要形成全时段、全区域、多途径的园区事件自动预警和主动告警机制，建立园区协同治理体系。园区智慧大脑可以模拟仿真园区不同的应用场景，优化园区管理流程，提高园区综合管理能力，园区智慧大脑分析和调度园区能源和资源，实现园区绿色高效、节能减排和可持续发展。

11.2　园区智慧大脑组成

园区智慧大脑包括园区总体态势呈现和园区决策支持平台两方面（如图11-1所示）。

11.2.1　园区总体态势呈现

园区总体态势呈现综合应用物联网感知技术、多源数据融合技术、地理信息系统（Geographic Information System，GIS）、建筑信息模型（Building Information Modeling，BIM）、城市信息模型（City Information Modeling，CIM）等，实时准确

全面地获取园区运行相关数据，通过整合、分析和呈现，通过大数据、网络技术实现园区数据采集、汇集和存储，对相关数据进行综合处理和关联分析，实现园区运行态势和安全态势实时感知、呈现管理，实现园区数字化应急指挥调度。

通过遍布园区的传感器收集汇总园区房产、设备、人员等信息，实现园区运行态势实时感知和监测，建立基于数字孪生的三维可视化园区总体态势，为园区管理者提供全局视角的园区整体态势呈现，为园区突发事件处置提供全面的业务和数据支持。以园区各业务平台为基础，采集汇总实时、全面、准确的园区安全大数据，建立全程在线、全域覆盖、实时反馈的园区安全态势感知平台。针对园区安全风险和安全信息，制定相应的应急处置预案，模拟仿真各类故障或灾难发生时的园区应急处置流程，保障园区安全运行。

园区总体态势呈现分为运行态势呈现、安全态势呈现和应急指挥调度三部分，如图 11-1 所示。运行态势包括园区空间管理、园区设备实时运行状态、园区消防监控、园区能耗管理、园区环境监测等。安全态势呈现包括园区威胁感知、园区安全处置、园区应急指挥等。应急指挥调度包括园区事件预警派发、应急资源调度、应急预案联动、事件跟踪处理、事件处置评估等内容。

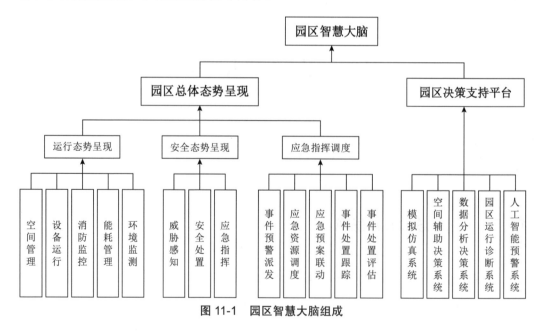

图 11-1　园区智慧大脑组成

11.2.2 园区决策支持平台

整合各业务平台数据实现可视化统计分析，通过模拟仿真、空间辅助决策、数据分析决策、园区能耗和环境诊断、人工智能分析预警等，为园区决策者提供多维度、多视角、多粒度实时准确完整的数据和分析，为园区经营决策提供支持。

园区决策支持平台包括模拟仿真系统、空间辅助决策系统、数据分析决策系统、园区运行诊断系统、人工智能预警等，如图 11-1 所示。

园区运行态势呈现平台利用物联网、大数据、云计算、人工智能等技术，对园区房产、设备、人、车等实现全连接，通过物联网平台采集汇聚园区感知设备数据，实现园区运行态势实时感知。通过基于数字孪生的三维可视化渲染技术、多源数据融合、大数据分析技术、地理信息系统、建筑信息模型、城市信息模型等进行展示呈现，为园区管理者和运维者提供全局视角，为园区突发事件处置提供支撑。

园区运行态势呈现平台建设目标是将物联网平台与园区管理相关系统信息进行汇总，建设数字孪生园区，立体呈现园区的整体情况，包括人员车辆态势、园区安防态势、能源能耗情况、设备设施运行情况、环境状况等。同时可通过视频监控系统、物联网系统远程查看和控制。通过大数据技术对园区信息进行整合分析，多维度呈现园区运行态势，包括总体安全态势、运行态势、发展态势等，整体感知园区运行态势，为管理层决策提供功能和数据支撑。

园区运行态势呈现功能包括园区空间管理、设备运维监管、消防监控、能耗管理、环境监测、园区运营等内容 [2, 3]。

（1）空间管理：基于城市信息模型（CIM）三维可视化技术，以园区城市空间、建筑空间、地下空间三位一体的模型为载体，通过数字孪生，整合园区数字化基础设施和业务应用，通过数据集成、分析和呈现，实现区域概况、虚拟漫游、产业布局、重点项目可视化呈现。

（2）设备运行：物联网感知设备采集园区设备设施数据，实现园区设备设施运行数据实时感知，设备智能化和数字化巡检，设备运行状态智能预警，设备维保计划、任务、执行、验收、报告生成的全面数字化[2]，如图11-2所示。

图 11-2 园区设备运行态势集中呈现

（3）消防监控：运用通信网络、GIS定位、物联网感知设备，结合楼宇BIM模型，实时采集联网单位火灾报警控制器报警信息和运行状态信息，实现消防报警全方位感知和全过程监控。

（4）能耗管理：集成园区能源管理、物联网平台及能源相关的业务系统，实时感知和获取园区能源（水、电、气等）数据，以及光伏发电等能源生产数据，分类汇总统计，按需呈现，实现园区能源消耗整体态势感知。

（5）环境监测：物联网感知设备实现园区环境的在线实时监测，对园区环境质量、污染源、风险源等监测对象进行全天候不间断监控，通过GIS、BIM模型的高效直观展示，实现园区环境态势动态监管。

（6）运营监管：对园区房产等资源经营、维护等园区运营全过程进行多视角动态监管，以提升园区运营效率、质量和发展水平。如图11-3所示，园区运营监管包括房产、客户、收入、成本、预警等功能模块[3]。

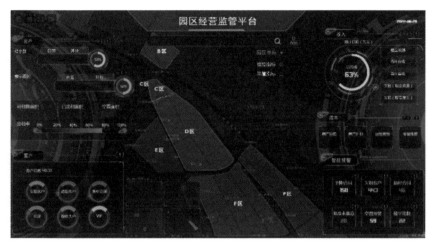

图 11-3　园区运营综合监管

园区安全态势管理

园区安全态势管理平台对园区全网数据进行采集、分析和可视化呈现，实现安全检测、风险分析、业务合规、自动预警、事件回溯、应急响应等功能。同时，可以对园区综合态势、运行态势、脆弱性态势、行为态势、安全事件态势等进行评估，进行安全态势预警、溯源和取证等工作。园区安全态势管理的目标包括：（1）预测能力，全面及时掌握园区安全风险，及时采取预防措施，通过安全风险管理，及时发现园区存在的安全漏洞、薄弱环节，提升园区安全管理人员的意识和技能，保障安全管理工作落实到位。（2）防御能力，可以通过模拟仿真对安全风险影响和应急响应有效性进行模拟。（3）检测能力，通过数据采集、处理和分析，全面感知园区安全状况。（4）响应能力，通过态势实时感知，对安全事件进行分析研判，判断安全事件影响范围和影响程度，调整优化安全应急预案，实现安全设备和人员联动，提高安全事件响应处理能力[4]。

安全态势感知平台架构上分为采集层、数据层、服务层和业务层，如图 11-4 所示。平台主要功能包括：（1）威胁感知：通过已有案例、模型和算法，最大限度感知园区安全风险和威胁，优化园区技防（如红外、视频探头等）、人防（如巡查巡视等）架构，筑牢安全屏障，持续提升安全感知水平。（2）安全处置：通过物联网、云计算、人工智能等技术对园区安全威胁进行监测，对园区安全风险和漏洞进行评估，设置数字化的安全处置预案，通过安全处置响应、模拟、分析等对预案进行持续优化。（3）应急指挥：对安全事件进行应急响应，调度资源进行安全事件处置（详见园区应急指挥章节）。

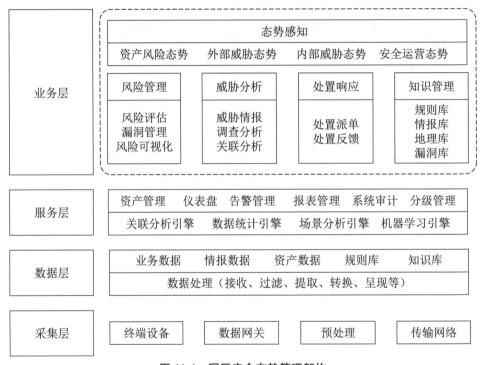

图 11-4　园区安全态势管理架构

　　园区安全态势管理平台可以满足园区管理层对园区安全决策、指挥和处置的需求，通过全量数据采集，清楚地了解园区安全建设情况、安全管理情况和安全事件处置情况。平台可以从数据中挖掘和发现安全风险，发现园区安全建设中遗留的安全隐患并及时修正。平台可以弥补被动防御的不足，通过情报和数据分析，形成监视——主动回溯、研判——主动监测的检测体系，提升园区安全积极防御能力。平台可以了解园区用户的业务环境变化，及时发现园区内部的业务安全风险，可以和其他安全设备联动，形成多方协同的安全管理体系[4]。

11.5　园区应急指挥调度

　　基于 GIS、BIM 模型，联动园区各相关业务系统，提供一体化应急保障，实现应急预案、应急物资、应急指挥等智能应急管理。通过园区数字化应急指挥调度系统，实现对突发事件处理全过程的数据采集、跟踪、支持、指挥和处理，有效监控事态发展，使园区管理部门对突发事件情况了解更加全面，反应更加迅速，相关单位和人员之间的协调配合更加充分，决策更加有效[5]。

　　园区应急指挥调度平台建设的目标是对园区突发事件的现象进行识别、分析和评判，进行预警分析；对突发事件匹配的节点和人员进行自定义流转，实现相关任务的集中流转和统一派发；便于园区指挥者和管理者更加清楚地了解事件的状态和相关信息，可以直接掌握园区事件信息、处理追溯、评估信息等全局情况；可以对事件点周边的资源进行查询和展示，进行应急资源联动；可以对事件的应急资源管理进行分析或模拟，提供辅助决策信息；在应急事件处置完毕，提高对应急处置及效果进行评价的手段，对事件的应急评估指标体系、评分标准和权重进行评估。

　　在智慧园的应急指挥体系中，应建立灾前监测和预警、灾中防控与救援、灾后重建与复产全流程的一体化方案。将物联网设备、视频设备、地图数据和业务数据进行高度融合，构建一切风险皆事件、事件发现即处理、处理全程可视化的应急指挥模式[1]。体系包括事件预警派发、应急资源调度、应急预案联动、事件处置跟踪、事件处置评估等功能，详见表 11-1。

表 11-1　园区应急指挥调度系统功能

系 统 模 块	主 要 功 能
事件预警派发	实现突发事件处理流程的自动化管理，通过监测预警或人工方式接报事件，对事件匹配的节点、人员进行自定义流转和派发
应急资源调度	关联事件发生点的视频图像，调用并展示相关应急预案和相关历史案例，调度事件周围的资源
应急预案联动	根据系统检索、匹配规则等调用数字化预案，形成初始化的针对性处置方案，按与指定位置的远近自动推荐相关人员和资源信息，计算到达时间和路径

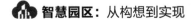

系 统 模 块	主 要 功 能
事件处置跟踪	系统提供 APP、对讲等多通道任务下发方式，任务接收单位对执行结果进行反馈，及时反馈任务执行情况，形成处置任务状态一览表
事件处置评估	对事件进行全过程回放，为应急管理人员对事件处置过程进行评价提供依据

园区总体态势呈现根据园区管理需要，采集汇总园区各类运行数据，进行综合分析和展示，为园区决策提供数据支撑，帮助园区管理者和运营者实现：

（1）全面感知园区家底：依托大数据平台数据处理，融合园区各类数据，可视化呈现园区运行业务主题（如园区管理、公共服务、产业发展层），用户可按需分层查看和呈现。

（2）全局辅助决策管理：利用大数据分析和人工智能技术，将数据和算法融合，通过理论建模和模拟仿真，通过智能分析和大屏 / 多屏展示，为用户提供全景可视化呈现，为园区决策提供数据支撑。

（3）园区整体运行联动：融合物联网、视频监控、通信网络等技术，实现运行监测自动发现问题，决策支持分析问题，事件管理解决问题，联动指挥应急响应的园区闭环管理机制，实现相关业务和系统联动。

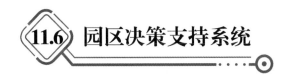

11.6　园区决策支持系统

11.6.1　应用概述

基于园区各信息平台和业务数据进行可视化统计分析，通过数据收集、整理和展示，进行空间辅助决策、数据分析决策、人工智能分析预警、园区运行诊断等功能，向园区决策者提供多维度、多粒度、多视角的实时完整准确数据，为决策提供支持。

园区决策支持系统利用信息化手段，为园区开发、建设、运营、服务和发展全过程提供支持，构建未来园区信息化底板，推进园区规划、建设、管理和服务的智慧水

平。针对园区发展需要，系统基于时空数据、物联网设备数据、业务系统数据、政务
服务数据、第三方外部数据等多源数据，通过数据交换系统对数据进行分类，实现园
区数据的多时空维度耦合。

10.6.2　系 统 组 成

园区决策支持系统按内容分为模拟仿真系统、空间辅助决策系统、数据分析决策
支持系统、园区运行诊断系统、人工智能分析预警系统等。

1. 模拟仿真系统

通过数字孪生或数字化建模，实现园区虚拟展示、开发建设模拟、设备运行模
拟、能源能耗仿真、园区政策模拟、应急演练仿真等，如图 11-5 所示。通过仿真模
拟可以优化园区管理规范，提高园区总控和管理能力，降低园区管理成本。

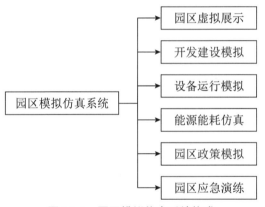

图 11-5　园区模拟仿真系统构成

（1）园区虚拟展示：通过虚拟现实和增强显示技术，模拟第一视角在三维虚拟园
区中自动漫游，了解园区产业布局、房产布局、设备布局和客户分布等资源分布，也
可以展示园区管线等隐蔽工程，实现园区沉浸式漫游参观，辅助园区招商引资业务
开展。

（2）开发建设模拟：在三维虚拟场景中动态模拟推演园区的工程进度，在各个工
程的不同建设时序，利用光照、阴影等工具对工程的干涉因素进行分析。仿真系统可
以动态复现园区的详细建设过程，同时，可以在系统中设置温度、湿度、风力等环境

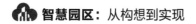

数值，动态模拟园区工程质量和安全影响，降低安全事故风险[6]。

（3）设备运行模拟：将园区中的重点设备加入二维或三维模型中，接入实际运行数据和信号，从而实现设备设施在线同步监控。通过离线运行模式模拟数据变化对设备设施的影响，调整模型和参数，模拟设备设施在不同条件下的运行状况，预测设备设施保养和维护周期，提高设备使用寿命，降低设备工况造成的安全风险[2]。

（4）能源能耗仿真：通过物联网接入园区水、电、气等能源实际运行数据（如流量、压力、温度等），对历史能耗数据的分析和挖掘，分析园区能耗发展趋势，预测或模拟能源消耗趋势，实现园区能源优化调度，降低园区的总额和消耗成本。

（5）园区政策模拟：根据园区功能定位和发展方向，为园区特定政策推广提供政策模拟仿真，模拟政策制定对园区的效益、对所在地方的效益，甚至对全国的影响，进而确保政策有效以及可复制可推广。韩冬梅等（2016）[7]建立了汇率波动对外向型出口加工企业影响的管理试验模型，对上海自贸试验区企业汇率影响进行分析。周明升等（2018）[8]、韩冬梅等（2019）[9]分别建立了政策模拟评价模型，对上海自贸区金融开放创新政策对上海市和全国的效应进行模拟和评价。

（6）园区应急演练：根据园区危险源和应急储备物资情况，对可能发生的事故进行应急仿真演练，对事故影响范围和程度进行模拟分析，从而降低事故发生时候的损失，提高突发事件响应能力。园区应急预案可以平台化和系统化，应急演练可以将应急预案进行数字化演练，模拟突发事件发生时各系统和人员联动情况，演练后进行演练回放、总结和预案优化。

2. 空间辅助决策系统

将园区土地规划、产业发展、园区治理等信息与二维或三维矢量地图结合，为信息在三维空间和时间交织构成的四维环境提供空间基础，利用热力分析、人工智能、鹰眼技术等为决策者空间决策提供依据，实现统一时空基础下的规划、布局、分析和决策。

3. 数据分析决策支持系统

通过物联网设备动态感知、传输和应用园区动态数据，采集汇总物联网终端数据，提供动态数字化报表和趋势分析，通过数据赋能园区分析决策能力。例如，通过水质检测数据为园区环境决策提供数据支撑，通过园区能耗数据分析为园区产业聚能和发展提供数据支持，接入园区安全监控、全景监控等信息为决策者把控建设项目全过程，通过园区各类资源数据提高园区管理、监控和服务能力。

4. 园区运行诊断系统

常见的能耗（节能）诊断和环境诊断。能耗诊断对园区能耗数据和产能情况进行监测分析，能耗监测主要是园区重点能耗企业的用水、用电、用气监测，产能监测主要是园区太阳能、风能等可再生能源运行情况，通过能耗监测和产能监测对园区节能趋势进行分析和模拟，并通过热力图等方式直观展现，为决策提供支持。环境诊断通过园区土地、水、大气、噪声等环境资源监测，全面实时准确掌握园区资源利用状况和发展变化趋势，模拟园区资源开发和环境保护中的突出问题，为园区可持续发展提供数据支持。

5. 人工智能分析预警系统

通过人工智能、物联网、大数据分析等技术，构建一体化新型园区管理监控体系，实现园区运行实时监控、科学分析、自动预警和智能联动，提高园区现代化管理水平。打通园区事项告警、指挥调度、现场处置、巡查预防等相关业务流程，实现安全、管理和服务的可感知可预测，提高发现和处置问题的效率，降低园区运行成本，推动园区高质量发展。

11.7 总结与展望

园区智慧大脑是园区相关政府部门、运营方等园区主体进行园区管理、服务、治理和决策的重要工具，它整合了园区各业务平台系统，通过数据汇总、整理、加工和呈现，提供一体化决策支持。园区智慧大脑包括园区总体态势呈现和园区决策支持两个方面，园区总体态势呈现又分为园区运行态势、安全态势、应急指挥调度等方面。（1）园区运行态势呈现利用物联网、大数据、云计算、人工智能等技术，对园区房产、设备、人、车等实现全连接，通过物联网平台采集汇聚园区感知设备数据，实现园区运行态势实时感知，实现园区空间管理、设备运行、消防监控、能耗管理、环境监测、运营监管等态势呈现。（2）园区安全态势管理对园区全网数据进行采集、分析和可视化呈现，实现安全检测、风险分析、业务合规、自动预警、事件回溯、应急响应等功能，由采集层、数据层、服务层、业务层等构成，最终是形成多方协同的安全管理体系。（3）园区应急指挥调度基于 GIS、BIM 模型，联动园区各相关业务系统，提供一体化应急保障，实现应急预案、应急物资、应急指挥等智能应急管理，全面感知园区家底、全局辅助决策管理、实现园区整体运行联动。（4）园区决策支持系统基于园区各信息平台和业务数据进行可视化统计分析，通过数据收集、整理和展示，进行空间辅助决策、数据分析决策、人工智能分析预警、园区运行诊断等功能，向园区决策者提供多维度、多粒度、多视角的实时完整准确数据，为决策提供支持。园区决策支持系统具体包括模拟仿真系统、空间辅助决策系统、数据分析决策支持系统、园区运行诊断系统、人工智能分析预警系统等功能子系统。

后续园区智慧大脑有很大的建设和提升空间。（1）数据集成方面：园区智慧大脑除整合园区基础资源、开发建设、招商服务、运营管理、资产管理、安全管理、公共服务等园区内部信息平台外，需同步整合园区政务数据、外部公开数据、企业数据等各类信息，提供多种决策场景和模式。（2）数据治理方面：园区系统数据的整合、处理、加工和呈现能力需进一步提升。周明升等（2023）构建了面向多源数据的智慧园区集成平台[2]、张雯等（2023）构建了基于数据中台的园区经营监管平台[3]，在园区数据整合和数据治理方面做了一些尝试，数据中台、大数据等技术为园区多源数据采集和处理提供了手段，将推动园区智慧大脑升级和扩展。（3）数据赋能方面：园区智慧大脑一定程度上集成和整合了园区各类数据（设备数据、业务数据、服务数据等），并通过数据加工、处理和呈现为园区态势感知和决策支持提供数据支撑，后续在园区预警自动化、决策智能化、联动可视化等方面可进一步加强，推动业务数字化和数字化业务化，建设更多智慧应用，实现数据赋能。

参考文献

[1] 智慧园区应用与发展编写组.智慧园区应用与发展[M].北京：中国电力出版社，2020.

[2]　周明升，张雯.一种面向多源数据的智慧园区管理平台 [J].计算机与现代化，2023，333（5）：68-74.

[3]　张雯，周明升.基于数据中台的园区经营监管平台的设计与实现 [J].网络安全与数据治理，2023，42（4）：78-84.

[4]　张雯，周子航，周明升.基于物联网和人工智能的园区安全运营管理平台 [J].计算机时代，2023（2）：132-136.

[5]　贾音，孔胜利，陈备，等.智慧园区应急物资储备系统设计与应用 [J].消防科学与技术，2020，39（5）：717-721.

[6]　周子航.一种基于物联网和 BIM 的工程全过程管理系统架构 [J].计算机时代，2023（3）：47-51.

[7]　韩冬梅，周明升.汇率波动对外向型出口加工企业影响的管理试验——基于中国（上海）自由贸易试验区 80 家企业的分析 [J].中国市场，2016（3）：163-165.

[8]　周明升，韩冬梅.上海自贸区金融开放创新对上海的经济效应评价——基于"反事实"方法的研究 [J].华东经济管理，2018，32（8）：13-18.

[9]　韩冬梅，周明升.上海自贸区金融开放创新的宏观效应模拟 [J].统计与决策，2019，35（9）：155-159.

第3篇 展望篇

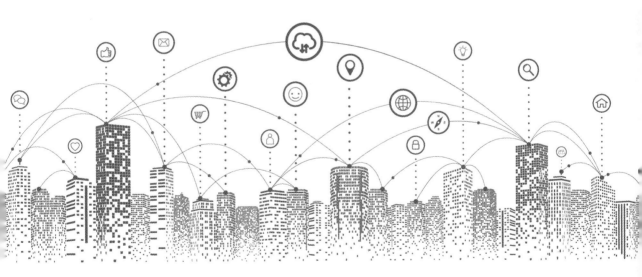

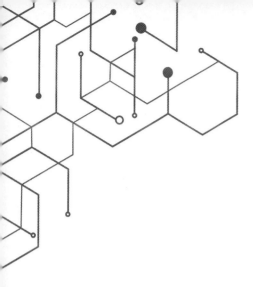

第 12 章　智慧园区未来发展趋势

　　新一代信息技术推动了智慧园区建设和发展，未来将更加深刻地推动智慧园区向着生态化、服务化和智慧化方向不断丰富和升级。技术发展推动智慧园区发展，智慧园区应用也将提升新一代信息技术的应用场景和内涵，推动技术发展。智慧园区前景广阔，任重道远，是一个螺旋式上升和迭代发展的过程。

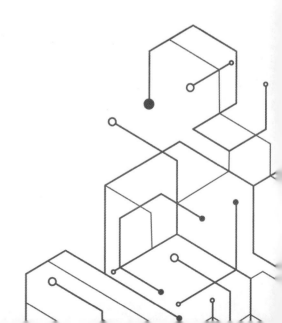

12.1　发展趋势概述

随着物联网、大数据、云计算、人工智能等新一代信息技术发展，世界正在经历第四次工业革命，正在迈向以数字科技主导的全新智能时代。万物感知、万物互联、万物智能是智能时代的典型特征。园区作为一个物理世界、人文世界和数字世界三位一体的"数字孪生"空间综合体，是智慧城市的缩影和重要表现形式。

在技术和需求的双重驱动下，出现了商业模式革新和业务形态升级，使得智慧园区的内涵向着生态化、服务化和智慧化不断丰富和升级，成为人、机、物、事深度的融合体、有机生命体和可持续发展空间不断演进[1]。

数字方面，通过物联网、移动互联网等数据采集手段，使得数字孪生的空间综合体对物理城市更加精准刻画，数字孪生对数据的实时性、准确性和完整性（采集频次）提出更高要求，数据量会爆发式增长。技术方面，海量数据使得数据处理的复杂度大幅增加，虚拟现实、增强现实等应用使得技术要素更加复杂，人工智能、云计算等技术应用和集成创新成为必然。

如图 12-1 所示，未来智慧园区将从技术和应用两个层面发展。技术发展趋势方面，物联网、大数据、云计算、人工智能、移动互联网等新一代信息技术将持续发展，实现园区万物智慧连接、智能数据挖掘和知识发现，推动园区管理智能化、服务自动化、决策智能化。应用发展趋势方面，智慧园区将在全面数字化、平台架构优化、多技术融合应用、运营模式创新、产业链协同创新等方面持续创新和发展。

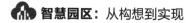

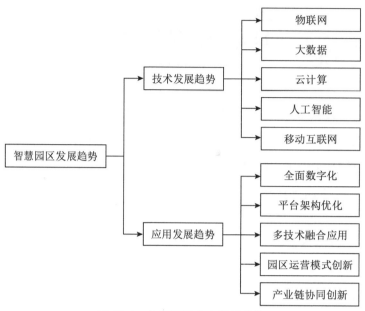

图 12-1　智慧园区未来发展趋势

 技术发展趋势

　　物联网、云计算、数字孪生、人工智能、边缘计算等新一代智能技术群推动"万物互联"（Internet of Everything）迈向"万物智能"（Intelligence of Everything）时代。在新一代信息技术的不断融合和迭代中，为智能经济提供了高经济性、高可用性和高可靠性的智能技术底座，推动社会进入全面感知、可靠传输、智能处理和精准决策的万物智能时代。

　　2020 年 4 月，我国提出推动"新基建"的战略部署，新基建是以数字化为核心的全新基础设施，全面贯通物流、人流、信息流、产业流、资金流和价值流，以工业互联网、物联网、人工智能、5G 等为代表的数字基建为数字经济的持续发展奠定基础。未来智慧园区是一个物理空间和数字空间相结合的孪生空间，与当前的智慧园区相比，数字孪生空间的技术要素更加复杂，不仅覆盖测绘、地理信息、模拟仿真、智能控制、深度学习、协同计算等技术，而且对物联网、人工智能、云技术等技术赋予新的要求，多技术集成创新需求更加旺盛。数字基建是建立数字孪生空间的新型基础设施，全面覆盖和泛在连接是智慧园区未来深度发展融合的重要技术支撑。未来智慧园区将通过感知和连接，采集人、机、物、事的状态数据和业务数据，汇集到智能化平台，实现数据和业务融合，实时分析和自主决策。基于人工智能的园区功能不断适应、优化和迭代，使园区生命体不断演进，主动服务和智能进化将会是未来智慧园区所具有的能力，以人为本、绿色高效、数据赋能是智慧园区未来发展方向。

12.2.1　物联网技术

"互联网+"实现了人人互联，物联网实现了万物互联。信息技术发展的终极目标是基于物联网平台实现设备无所不在的连接，在此基础上开发各类业务应用，提供业务数据支撑和服务。实现连接是第一步，未来物联网设备应具备一定的计算能力和智能化能力，不仅是可监测和可控制的物联产品，也是边缘计算节点和智能化产品[2]。

智慧园区以新一代信息技术为支撑，实现对园区人、机、物、事的信息感知、分析、处理和整合，实现全面感知、智能控制、交互联动和协同。全面感知是智慧园区的一个重要特征，要求园区基础设施能够深入收集各类数据和信息，整合和分析海量数据，为园区运营管理、服务和决策提供基础数据资源。智能感知技术作为新一代信息技术，是园区收集复杂数据和信息的关键手段。物联网平台把各种传感器嵌入物理建筑、设备、供电、供水、交通等物体中，然后将全面感知的物联网与现有互联网整合，实现物理设备设施与业务信息系统的整合，实现园区人员、机器、设备和事件的智能化管理和控制[3,4]。

12.2.2　大数据技术

大数据侧重于海量数据的存储、处理和分析，从海量数据中发现价值，服务于生产生活，园区管理、服务和决策依赖于园区数据的全面、可靠和完整以及大数据能

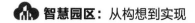

力。新型大数据挖掘方法和人工智能技术，可以对海量感知数据进行并行处理、数据挖掘和知识发现，为园区主体提供多层次、低成本、高效率的智能化服务，推动园区产业转型升级。

智慧园区大数据应用平台集成了园区管理和服务相关系统，汇集了海量数据，对聚集资源进行整理分析，赋能园区管理和运营。大数据应用平台通过大数据、物联网、云计算等新一代信息技术，实现汇集园区各种时空信息并提供智能决策。平台采用统一的时空基准，构建园区全空间三维可视化场景，在此基础上提供大数据采集、存储、管理、计算、分析和挖掘等服务，打造全面感知、互联互通、业务协同、按需服务的一站式智慧服务环境 [1,5]。

针对园区建设、管理和运营中所涉及的海量多源异构数据，采用大数据计算框架，提供矢量大数据高性能分析计算、实时数据高效接入处理等大数据处理，实现千万级的点数据、百万级的区块和线数据的秒级响应，针对实时传感器数据支持区域热力图、时空立方图等多维度实时展现，为园区决策提供有效支撑 [6]。

区块链技术发展将进一步深化大数据应用。区块链技术被高效地利用和组织，将会为智慧园区提供更加安全、高质量、高附加值、隐私透明的大数据服务。

12.2.3　云计算技术

云计算技术是智慧园区应用的重要基础。作为基础架构，云计算为智慧园区各类应用服务提供计算和存储资源，支持按需使用、灵活扩展、绿色高效的智慧园区建设需要。依托云计算技术，可以搭建一站式 IT 服务平台，为园区各主体提供专业化的信息资源和服务，帮助解决智慧园区的应用问题，按需提供财务云、人力资源云、业务云等各类云服务。

随着云计算技术的发展，未来智慧园区将真正实现园区地上地下空间一体化管理，在同一场景下融合地面景观模型、建筑模型、地下管线模型等内容，实现园区立体空间中所有对象的统一描述和管理，支持园区地上地下一体化管理、呈现和分析，实现数字孪生智慧园区和智慧化运营管理。智能化云服务集群部署，在短时间内实现大规模集群资源快速部署，满足智慧园区平台和应用弹性伸缩、动态扩展和快速响应等需求 [7,8]。

12.2.4　人工智能

利用大语言模型（如 ChatGPT）、深度学习、边缘计算等先进人工智能技术，促进园区物联网平台的分析和学习，利用园区共享大数据研究人工智能在物联网中的应用，使园区各主体能够深度分析，开发智能化应用。随着园区物联感知能力的提升，海量数据可以实时获取，进而推动多场景人工智能应用落地，如人脸识别、视频周界报警、智能监控、安防机器人、客服机器人等，真正实现万物智慧互联。在智慧城市和智慧园区各应用场景中，以深度学习为代表的人工智能技术迅速普及，机器人、图像识别、语音识别、自然语言处理等人工智能技术，为园区管理智能化、服务自动化、决策智能化提供了手段。

12.2.5　移动互联网

以 2G、3G、4G、5G 等为基础的泛在移动网络是实现智慧园区万物智慧连接，人、机、物深度融合发展的关键基础设施之一。5G 作为新一代无线通信技术，有着超高速度、超低时延、超大连接等特征，将全面支撑智慧城市和智慧园区创新发展。5G 网络根据末端应用场景灵活配置网络资源，满足智慧园区对网络差异化需求，未来电脑、智能手机、智能摄像头、智能机器人、智能仪表等全面渗透园区生产生活各方面，园区可以实现基础设施、园区服务、园区交通等多维度场景的全面互联和数字化，实现园区全场景全时空感知和多维度智能检测，结合人工智能应用，实现园区万物智慧连接，为智慧园区发展带来新动能 [9]。

12.3　应用发展趋势

应用层面，智慧园区将向着全面数字化、平台架构扩展优化、多技术融合应用、园区运营模式创新、产业链协同创新等方面发展。

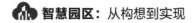

12.3.1 全面数字化

智慧园区是在全面数字化基础上建设的，园区管理、服务和运营实现智慧化是智慧园区发展的必然趋势。通过通信网络、物联网、大数据、云计算等技术应用，获取智慧园区资源利用、园区安全、园区运营、园区能耗等实时数据和信息[5]。园区管理主体可以身临其境地实时掌握园区环境、运营场景等实时状态，实现对园区实时动态感知，有效节省园区运行所需的能源和成本消耗，提高工作效率，提高园区服务质量和资源利用率。

12.3.2 平台架构优化

智慧园区的信息化、数字化建设主要通过信息通信技术构建一个全方位、智能化的园区管理、服务和决策平台，其体系包括感知层、网络层、平台层和应用层[5]。

感知层：是平台的数据来源，也是整个平台的终端层，主要用于标识和获取信息。通过射频识别技术、全球定位、二维码标签、传感技术等识别物体，并将物体的属性和特征信息转换为计算机系统能识别、处理的形式（数字信息）传入网络层，实现海量数据采集。

网络层：是平台的中枢神经系统，用来传输和处理信息，包括各类服务器设备、网络设备、传输线路等，通过无线通信技术、移动通信网络、局域网、物联网等实现信息传输。

平台层：智慧园区的支撑核心，对下对采集并传输到的数据进行汇总、处理和分析，对上支撑不同应用系统实现预先设定的智能化功能，如地理信息平台、公共服务平台、运营管理平台、数据交换平台、决策支持平台等。

应用层：园区日常运营管理和服务的各项应用，包括资源管理、设备设施管理、安防管理、能源管理、协同审批等运营管理类应用，客户服务、物业管理服务、生活服务等服务类应用，满足园区运营管理和服务要求[10,11]。

12.3.3 多技术融合应用

例如物联网（Internet of Things，IoT）、地理信息系统（Geographic Information

System，GIS）、建筑信息模型（Building Information Modeling，BIM）的融合应用于园区智能运营中。GIS 采集园区地理空间数据，并对数据进行尺寸、管理、模拟、运算和分析，构建园区空间信息系统，为智慧园区提供各种空间查询和空间分析支持，有助于智慧园区实现数据可视化和精细化管理。BIM 以建筑工程项目的相关信息数据为基础，通过数字三维仿真模拟建筑物所具有的真实信息，实现建筑物全生命过程的智慧化、互联化和协同化。物联网实现园区房产、设备设施等状态的实时感知。通过 GIS+BIM+IoT 的多技术融合，可以辅助园区各主体进行决策模拟、建造模拟、方案优化等工作，在此基础上构建出新一代的智能化园区经营管理平台，再综合运用物联网、移动网络、智能控制、大数据挖掘、人工智能等信息技术，实现客观世界和信息世界的相互映射并融合智能运营。

12.3.4　园区运营模式创新

园区运营管理模式可以分为政府主导型、运营商主导型、企业主导型、共建型四种，如表 12-1 所示。政府主导模式由政府机关负责园区开发建设和运营管理，由地方政府组成园区管理委员会负责园区重大发展决策和重大问题协商。运营商主导模式由园区运营商（开发主体）负责投资建设和运营，政府仅提供有限的基础设施和政策支持。企业主导模式主要由社会机构自建或联合建设，资金来源由企业自筹。共建型模式由政府部门、社会机构和园区管理方等多方共同发起建设和运营[12]。

表 12-1　园区运营模式分类

运营模式	优　点	缺　点
政府主导	可以充分发挥政府宏观调控的功能，对园区进行整体规划和布局，有利于园区优惠政策和财政资金	政府需承担园区开发建设和园区管理费用及风险
运营商主导	运营商可以充分发挥自己的客户资源、运营经验、人才和资金优势	政府缺乏具体管理事权
企业主导	贴近市场，专业性强，运作效率高	服务性和共享性不足，政府缺乏管理权
共建型	共建各方联系紧密、资源共享、优势互补，公益性和实用性兼顾	需要多方共同建设，共同运营，形成合力

12.3.5 产业链协同创新

智慧园区通过多种智能化和数字化应用实现园区生产方式、经营方式和运营方式的转变，增强企业竞争力，提升生产效率，实现转型升级，并以园区为核心形成产业链的有效聚合。未来智慧园区要以创新驱动和服务驱动打造价值创新园区转型，与周边科研院所、社区等资源共同形成创新环境，根据园区产业链各环节需要、产业链现代化水平提升需要，进行联合创新和攻关，实现园区创新链、产业链、服务链的紧密互动和深度融合，推进园区转型和高质量发展。

参考文献

[1] 杨靖，张祖伟，姚道远，等.新型智慧城市全面感知体系 [J].物联网学报，2018，2（3）：91-97.

[2] 杜博.物联网产业发展趋势及我国物联网产业发展 [J].电子技术与软件工程，2019（24）：1-2.

[3] 韩存地，刘安强，张碧川，等.基于物联网平台的智慧园区设计与应用 [J].微电子学，2021，51（1）：146-150.

[4] 王莉红.基于物联网技术构建智慧园区数字化系统探究 [J].物联网技术，2022，12（3）：54-56.

[5] 周明升，张雯.一种面向多源数据的智慧园区管理平台 [J].计算机与现代化，2023，333（5）：68-74.

[6] 吴信才.时空大数据与云平台（理论篇）[M].北京：科学出版社，2018.

[7] 韩丹萍.云计算技术现状与发展趋势分析 [J].无线互联科技，2019，16（21）：7-8.

[8] 徐为成.5G 时代，云计算发展的五大新趋势 [J].通信世界，2019（20）：46.

[9] 梁芳，孙亮，郭中梅.新型5G智慧园区建设的探索与研究 [J].邮电设计技术，2020（2）：51-54.

[10] 张雯，周子航，周明升.基于物联网和人工智能的园区安全运营管理平台 [J].计算机时代，2023（2）：132-136.

[11] 张雯，周明升.基于数据中台的园区经营监管平台的设计与实现 [J].网络安全与数据治理，2023，42（4）：78-84.

[12] 智慧园区应用与发展编写组.智慧园区应用与发展 [M].北京：中国电力出版社，2020.

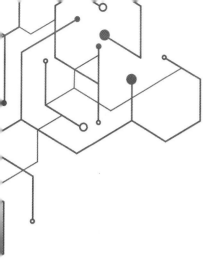

附　　录

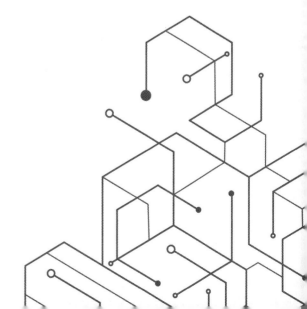

附录1　术语对照

　　根据惯例或约定俗成的说法，本书中有不少专业术语或专业术语缩写，为帮助读者阅读和理解，相关术语中英文及简写对照如下（优先按文中出现的形式确定相关术语的中英文及简写顺序）。

智慧城市（Smart Cities）

物联网（Internet of Things，IoT）

云计算（Cloud Computing）

大数据（Big Data）

人工智能（Artificial Intelligence，AI）

互联网＋（Internet+）

二维码（Quick Response Code，QR Code）

万物互联（Internet of Everything）

万物智能（Intelligence of Everything）

RFID（Radio Frequency Identification，射频识别）

SaaS（Software as a Service，软件即服务）

PaaS（Platform as a Service，平台即服务）

IaaS（Infrastructure as a Service，基础设施即服务）

GB（Gigabyte，吉字节）

Mbps（Megabits per second，每秒百万比特）

CT（Computed Tomography，电子计算机断层扫描）

BIM（Building Information Modeling，建筑信息模型）

GIS（Geographic Information System，地理信息系统）

CIM（City Information Modeling，城市信息模型）

VR（Virtual Reality，虚拟现实）

AR（Augmented Reality，增强现实）

B/S（Browser/Server，服务器／浏览器）

URL（Uniform Resource Locator，统一资源定位系统）

APP（Application，应用程序）

O2O（Online to Offline，线上到线下）

VPN（Virtual Private Network，虚拟专用网）

SSL（Secure Socket Layer，安全套接层）

HTTP（Hypertext Transfer Protocol，超文本传输协议）

HTTPS（Hypertext Transfer Protocol over Secure Socket Layer，基于安全套接层的虚拟专用网络；Hypertext Transfer Protocol Secure，以安全为目标的超文本传输协议）

DMZ（Demilitarized Zone，隔离区）

API（Application Programming Interface，应用程序编程接口）

CCTV（Closed Circuit Television，闭路电视）

GPS（Global Positioning System，全球定位系统）

P2P（Peer to Peer，点到点）

RS485：一种通信协议

LoRA（Long Range Radio，远距离无线电）

NBIoT（Narrow Band Internet of Things，窄带物联网）

Wi-Fi：一种无线局域网协议

2G/3G/4G/5G（＊Generation Mobile Communication Technology，第＊代移动通信技术）

ER 图（Entity-Relationship Diagram,实体一联系图）

SIM（Subscriber Identity Module，用户识别模式）

NFC（Near Field Communication，近场通信）

RTMP（Real Time Messaging Protocol，实时消息传输协议）

HLS（HTTP Live Streaming，超文本传输协议实时流媒体）

EI（Engineering Index，工程检索）

CSCD（Chinese Science Citation Database，中国科学引文数据库）

CSSCI（Chinese Social Sciences Citation Index，中文社会科学引文索引）

附录2　附图和附表